Ingeniería Económica

Acerca del Autor

José Adolfo Herrera, es un Ingeniero Civil con amplia experiencia en la construcción de Proyectos de Ingeniería.

Tiene una especialidad en Administración de la Construcción. Posee igualmente una Maestría en Administración de Negocios (MBA) y un Doctorado en Negocios (Phd) en proceso

Ha sido catedrático en la Universidad Católica Nordestana (UCNE) y en la Universidad Católica Tecnológica del Cibao (UCATECI) en la asignatura: Administración de la Construcción en sus programas de maestría.

Fue Decano de La Facultad de Ingeniería de La Universidad Católica Nordestana (UCNE)

Ha escrito varios libros en la industria de La construcción entre los que destacamos "Administración de la Empresa Constructora" y "Planificación Estratégica". Es igualmente articulista fijo en varios periódicos y revistas

Actualmente es catedrático en la Universidad Nacional Pedro Henríquez Ureña (UNPHU)

Ingeniería Económica

NOTAS DE CLASES
Universidad Nacional Pedro Henríquez Ureña
UNPHU

José Adolfo Herrera Acevedo, MBA
Ingeniero Civil
Septiembre de 2013

Ingeniería Económica: Notas de Clases
José Adolfo Herrera A.
Primera Impresión: Lulu.com
USA
Septiembre de 2013

Copyright © 2013 José Adolfo Herrera A.

ISBN: 978-1-304-34155-6

INDICE

Página

Tema 1: Introducción General   13
*Alternativas. Los dos papeles del ejecutivo. Búsqueda de alternativas.
Tomas de decisiones económicas. Responsabilidad en la toma de decisiones.
El costo de una decisión.*

Tema 2: La Motivación de Utilidades   29
*Costo de capital. Costo de oportunidad. Valor cronológico del dinero.
Descontaminando el futuro. Influencia del valor cronológico del dinero en una decisión.*

Tema 3: La Escala de Tiempo   43
*Símbolos y términos. Tasas compuestas de rendimiento.
Factores. Formulas Tasas.*

Tema 4: Fórmulas Tasas de Rendimiento   61
*Valores cronológicos de series aritméticas. Comparación de alternativas.
La prueba de inversiones*

Tema 5: Valores Cronológicos Iguales   75
*Definición de equivalencia. Evaluación de alternativas por equivalencia.
La equivalencia y el uso de fondos*

Tema 6: Comparaciones Costos y Valores Anuales   85
Comparación en valor presente de alternativas con vidas iguales.
Comparación en valor presente de alternativas con vidas diferentes.
Costo de ciclo de vida. Cálculos del costo capitalizado.
Comparación de dos alternativas según el costo capitalizado

Tema 7: Análisis Valor Actual   95
Valores anuales para uno ó más ciclos de vida. VA por el método del fondo
de amortización. VA mediante el método del valor presente. VA mediante
el método de recuperación de capital más interés. Comparación de
alternativas mediante el valor anual. VA de una inversión permanente

Tema 8: Comparación Tasas de Rendimiento   105
Tasa Mínima Atractiva de Retorno (TMAR). Tasa Interna de Retorno (TIR)

Tema 9: Beneficio/Costo 115
Clasificación de beneficios, costos y beneficios negativos.
Cálculo de beneficios positivos, negativos y costos para un proyecto único.
Selección de alternativas mediante el análisis beneficio / costo.

Tema 10: Reposición e Inflación 119
Por qué se realizan los estudios de reposición?. Conceptos básicos del análisis de reposición. Análisis de reposición utilizando un periodo de estudio especificado. Enfoques del costo de oportunidad y del flujo de efectivo en el análisis de reposición. Vida de servicio económico. Terminología de inflación y cálculo del valor presente. Cálculo del valor futuro considerando la inflación Cálculos de recuperación del capital y del fondo de amortización considerando la inflación

Tema 11: La Depreciación 135
Terminología de depreciación. Diferentes métodos de depreciación

ANEXOS 144

Excel y la Ingeniería Económica 145

Contabilidad y Uso de Razones Financieras 151

Ejercicios 159

Tablas de Factores de Interés Compuesto 179

Bibliografía 205

AGRADECIMIENTOS

A Dios, Todopoderoso que me permite cada día ser una mejor persona.
A mi Colega, Hernani Salazar siempre me ha brindado su apoyo

PROLOGO

Esta nueva entrega: Notas de Clases de Ingeniería Económica, está dirigida a los estudiantes de esta asignatura tan importante en la vida de los ingenieros en sentido en general.

Hoy en día, es necesario el analizar de forma cuidadosa todas las opciones que se nos presentan y saber escoger la más adecuada a nuestros objetivos.

Esta obra toma muy en cuenta la los aspectos fundamentales de las matemáticas financieras orientadas a la evaluación de programas y proyectos de ingeniería.

Tomamos en cuenta en la misma los diferentes métodos para evaluar los proyectos utilizando las herramientas modernas de calculadoras financieras y el uso de la computadora en la solución de los mismos.

Al final del libro presentamos las tablas de factores financieros, así como una introducción a la Contabilidad y las razones financieras que todo ingeniero debe conocer.

José Adolfo Herrera

Tema No. I: INTRODUCCION GENERAL.

Alternativas. Los dos papeles del ejecutivo. Búsqueda de alternativas. Tomas de decisiones económicas. Responsabilidad en la toma de decisiones. El costo de una decisión.

1.1 Introducción.

El propósito básico del análisis económico de alternativas orientado a proyectos es ayudar a diseñar y seleccionar proyectos que contribuyan al éxito del mismo rindiendo los beneficios adecuados.

Posiblemente no exista una herramienta más importante para el ejercicio de un profesional de la ingeniería y la construcción que la ingeniería económica.

La ingeniería económica es una recopilación de técnicas matemáticas que simplifican las comparaciones económicas. Es entonces una herramienta de ayuda para la toma de decisiones de proyectos de inversión.

Es común escuchar la expresión que reza: "El dinero va donde hay dinero", esto así ya que por ejemplo sí una persona posee una cantidad de dinero y lo deposita en el banco, al otro día tendrá más dinero y éste es el precisamente el concepto más importante de la Ingeniería Económica: El valor del dinero en el tiempo, como veremos más adelante.

La manifestación del dinero en el tiempo, es lo que denominamos: INTERES

El Interés es un valor que se carga por el uso del dinero de otra persona. Este valor depende de la cantidad que se tome prestada, así como del tiempo que dure la operación.

La aplicación de enfoques costo-beneficio y otros métodos similares de análisis económico sirve para determinar el máximo rendimiento de la inversión en un proyecto, facilitar una comparación racional de las posibles opciones y asegurar que las decisiones sobre inversión se adopten con responsabilidad.

El análisis económico también puede resultar útil para detectar y aclarar los problemas planteados en la adopción de determinadas decisiones.

1.2 La dirección o Gerencia

El término **gerente** denomina a quien está a cargo de la dirección o coordinación de la organización, institución o empresa, o bien de una parte de ella como es un departamento o un grupo de trabajo. Como seria por ejemplo, un Gerente general, un Gerente de finanzas, un Gerente de personal, gerentes, gerentes de proyecto, etc.

Otro concepto muy parecido pero más amplio es el **Ejecutivo o Directivo**, el cual proviene de su etimología del latín "dirigere", y significa ordenar en muchas direcciones, por lo cual su tarea es básicamente de tipo administrativa (no operativa). Es entonces aquel que dirige, suponiendo una relación de mando-obediencia; es quien ordena, guía y dispone de un emprendimiento o una parte de aquel.

El papel del gerente es utilizar tan eficientemente como sea posible todos los recursos a su disposición a fin de obtener el máximo posible de beneficio de los mismos. En otras palabras, maximizar la utilidad productiva de la empresa

En la práctica moderna, el gerente es generalmente un empleado, remunerado parte por un salario y -a veces- parte a través ya sea de bonos de producción u otorgamiento de acciones de la organización para la cual trabaja, etc.

Las tareas de gerencia son una parte importante de las funciones de un empresario. Sin embargo, ese es un término utilizado en general para designar a quien esté a cargo de una empresa, siendo, en ese sentido, un término más restringido: mientras los empresarios son gerentes, no todo gerente es empresario.

Este mismo Gerente o Ejecutivo, también será responsable de buscar negocios, presentar alternativas diferentes y analizar las mismas de forma tal que podamos escoger la más apropiada para nuestros intereses.

1.3 Alternativas

Tal como su nombre lo indica, una alternativa es una opción para una situación específica.

En el campo de la ingeniería económica, siempre existen varias formas para llevar a cabo una tarea específica. Para comparar todas estas alternativas, es necesario poseer la preparación y la experiencia necesarias, para poder escoger la mejor alternativa de todas.

En nuestro caso, el negocio de la construcción, evaluamos las alternativas tomando como base de comparación el dinero, aunque en algunos casos existen factores intangibles que igualmente deben ser tomados en cuenta.

La persona que debe tomar una decisión tiene que elaborar una lista de todas las alternativas disponibles para la solución de un determinado problema. Evaluar las alternativas. La evaluación de cada alternativa se hace analizándola con respecto al criterio ponderado.

Una vez identificadas las alternativas, el tomador de decisiones tiene que evaluar de manera crítica cada una de ellas.

Las ventajas y desventajas de cada alternativa resultan evidentes cuando son comparadas.

Seleccionar la mejor alternativa. Una vez seleccionada la mejor alternativa se llegó al final del proceso de toma de decisiones. En el proceso racional, esta selección es bastante simple. El tomador de decisiones sólo tiene que escoger la alternativa que tuvo la calificación más alta.

El siguiente paso tiene varios supuestos, es importante entenderlos para poder determinar la exactitud con que este proceso describe el proceso real de toma de decisiones administrativas en las organizaciones.

El tomador de decisiones debe ser totalmente objetivo y lógico a la hora de tomarlas. Tiene que tener una meta clara y todas las acciones en el proceso de toma de decisiones llevan de manera consistente a la selección de aquella alternativa que maximizará la meta.

1.4 Vamos a analizar la toma de decisiones de una forma totalmente racional:

*** Orientada a un objetivo.-**

Cuando se deben tomar decisiones, no deben existir conflictos acerca del objetivo final. El lograr los fines es lo que motiva que tengamos que decidir la solución que más se ajusta a las necesidades concretas.

*** Todas las opciones son conocidas.-**

El tomador de decisiones tiene que conocer las posibles consecuencias de su determinación. Así mismo tiene claros todos los criterios y puede enumerar todas las alternativas posibles.

*** Las preferencias son claras.-**

Se supone que se pueden asignar valores numéricos y establecer un orden de preferencia para todos los criterios y alternativas posibles.

1.5 Requisitos que deben satisfacer la Toma de Decisiones

a) Utilidad: La información debe ser útil y beneficiosa para lo cual debe satisfacer los requisitos de pertinencia, confiabilidad, claridad, comparabilidad y oportunidad.

b) Pertinencia: La información debe ser apta para satisfacer razonablemente las necesidades de sus usuarios más comunes, entendiéndose por tales los proveedores de recursos del ente (acreedores, propietarios de entes con fines de lucro, contribuyentes a entes sin fines de lucro, etc.).

c) Confiabilidad: La información debe permitir que los usuarios puedan depender de ella al tomar sus decisiones. Para ser confiable, la información debe satisfacer los requisitos de representatividad y verificabilidad.

d) Representatividad: Debe existir una razonable correspondencia entre la información suministrada y los fenómenos que esta pretende describir. Para que la información pueda considerarse representativa, deben satisfacer los requisitos de integridad, certidumbre, esencialidad, racionalidad, aproximación a la realidad, prudencia, y objetividad.

e) Integridad: La información debe incluir todo lo necesario para una representación fidedigna del fenómeno que pretende describir.

f) Certidumbre: La información debe elaborarse sobre la base de un conocimiento seguro y claro de los acontecimientos que comunica.

g) Esencialidad: La información sobre un fenómeno dado debe dar preeminencia a su esencia economía por sobre su forma instrumental o jurídica.

h) Racionalidad: La información debe resultar de la aplicación de un método adecuado fundado en el razonamiento lógico.

i) Aproximación a la realidad: La información debe estar comprendida entre los estrechos límites de la aproximación, buscando un acercamiento a la exactitud.

j) Prudencia: Al preparar la información debe actuarse con cautela y precaución en la consideración de las incertidumbres inherentes a la situación representada, tendiendo así a evitar los riesgos que podrían emanar de la información que se comunica.

k) Irreemplazabilidad: La información no debe ser susceptible de remplazo por otra mas eficiente.

l) Objetividad: Las normas para preparar la información contable deben ser aplicadas imparcialmente, sin deformaciones por subordinación a condiciones particulares del emisor.

m) Verificabilidad: La información debe ser susceptible de comprobación independiente mediante demostraciones que le acrediten y confirmen.

n) Claridad: La información debe ser inteligible, fácil de comprender y accesible para los acreedores, inversores y otros usuarios que tengan un adeudo conocimiento del mundo de los negocios y estén dispuestos a estudiarla con diligencia razonable.

o) Comparabilidad: La información debe satisfacer, en la mayor medida posible, los requisitos de comparabilidad que pudieran requerir los usuarios.

p) Oportunidad: La información debe suministrarse en tiempo tal que tenga la mayor capacidad posible de influir en la toma de decisiones.

1.6 Selección de alternativas bajo criterios de racionalidad

1.6.1.- Determinar la necesidad de una decisión.

El proceso de toma de decisiones comienza con el reconocimiento de que se necesita tomar una decisión. Ese reconocimiento lo genera la existencia de un problema o una disparidad entre cierto estado deseado y la condición real del momento.

1.6.2.- Identificar los criterios de decisión.

Una vez determinada la necesidad de tomar una decisión, se deben identificar los criterios que sean importantes para la misma. Vamos a considerar un ejemplo: " Una persona piensa adquirir un automóvil. Los criterios de decisión de un comprador típico serán: precio, modelo, dos o más puertas, tamaño, nacional o importado, equipo opcional, color, etc. Estos criterios reflejan lo que el comprador piensa que es relevante. Existen personas para quienes es irrelevante que sea nuevo o usado; lo importante es que cumpla sus expectativas de marca, tamaño, imagen, etc., y que se encuentre dentro del presupuesto del que disponen. Para el otro comprador lo realmente importante es que sea nuevo, despreciando el tamaño, marca, prestigio, etc."

1.6.3.- Asignar peso a los criterios.

Los criterios enumerados en el paso previo no tiene igual importancia. Es necesario ponderar cada uno de ellos y priorizar su importancia en la decisión. Cuando el comprador del automóvil se pone a ponderar los criterios, da prioridad a los que por su importancia condicionan completamente la decisión: precio y tamaño. Si el vehículo elegido tiene los demás criterios (color, puertas, equipo opcional, etc.), pero sobrepasa el importe de lo que dispone para su adquisición, o es de menor tamaño al que precisa, entonces nos encontramos con que los demás criterios son secundarios en base a otros de importancia trascendental.

1.6.4.- Desarrollar todas las alternativas.

Desplegar las alternativas. La persona que debe tomar una decisión tiene que elaborar una lista de todas las alternativas disponibles para la solución de un determinado problema.

1.6.5.- Evaluar las alternativas.

La evaluación de cada alternativa se hace analizándola con respecto al criterio ponderado. Una vez identificadas las alternativas, el tomador de decisiones tiene que evaluar de manera crítica cada una de ellas. Las ventajas y desventajas de cada alternativa resultan evidentes cuando son comparadas.

1.6.6.- Seleccionar la mejor alternativa.

Una vez seleccionada la mejor alternativa se llegó al final del proceso de toma de decisiones. En el proceso racional, esta selección es bastante simple.

El tomador de decisiones sólo tiene que escoger la alternativa que tuvo la calificación más alta en el paso número cinco.

El paso seis tiene varios supuestos, es importante entenderlos para poder determinar la exactitud con que este proceso describe el proceso real de toma de decisiones administrativas en las organizaciones.

El tomador de decisiones debe ser totalmente objetivo y lógico a la hora de tomarlas.

Tiene que tener una meta clara y todas las acciones en el proceso de toma de decisiones llevan de manera consistente a la selección de aquella alternativa que maximizará la meta.

1.7 Incertidumbre y Riesgo

Según Enrique Blanco (2006), la Incertidumbre. "Existe un ambiente de incertidumbre cuando falta el conocimiento seguro y claro respecto del desenlace o consecuencias futuras de alguna acción, situación o elemento patrimonial, lo que puede derivar en riesgo cuando se aprecia la perspectiva de una contingencia con posibilidad de generar pérdidas o la proximidad de un daño.

La incertidumbre supone cuantificar hechos mediante estimaciones para reducir riesgos futuros, y aunque su estimación sea difícil no justificará su falta de información"

La incertidumbre puede ser definida como la falta de conocimiento preciso o desconocimiento de las causas que determinan el comportamiento de un sistema real o las variable que definen el modelo respectivo, sea ésta cualitativa o cuantitativa. Esto genera los siguientes inconvenientes:

1. No podemos describir con certeza el comportamiento parcial o total de un sistema.
2. Debemos realizar el Análisis de Riesgo y tomar decisiones en ese contexto de incertidumbre.

Para eliminar o minimizar la incertidumbre, estos profesionales necesitan a menudo recurrir a su intuición, creatividad y toda la información disponible para juzgar el curso de acción (la decisión) que deben seguir.

Algunos estudios distinguen los conceptos de riesgo e incertidumbre, refiriéndose al riesgo cuando existen probabilidades (objetivas) e incertidumbre en los casos en que no se pueda medir, ni siquiera en términos de probabilidad.

Las actitudes de las personas hacia el riesgo varían en dependencia de diferentes factores. Algunas personas se muestran partidarias del riesgo solo cuando las probabilidades de éxito son muy amplias (enemigos del riesgo), sin embargo, existen otros que están dispuestos a asumir riesgos aunque las probabilidades de éxito sean menores y aún en condiciones de incertidumbre (jugadores, amigos del riesgo).

Riesgo: Coulter M y Robbins S. (1996) lo definen así: "Aquellas condiciones en las cuales el tomador de decisiones es capaz de estimar la posibilidad de ciertos resultados" La organización Greenfacts lo define de la siguiente manera: "es el daño potencial que puede surgir por un proceso presente o suceso futuro.

Diariamente en ocasiones se lo utiliza como sinónimo de probabilidad, pero en el asesoramiento profesional de riesgo, el riesgo combina la probabilidad de que ocurra un evento negativo con cuánto daño dicho evento causaría. Es decir, en palabras claras, el riesgo es la posibilidad de que un peligro pueda llegar a materializarse."

Como hemos analizado en trabajos anteriores el riesgo se encuentra presente, en la mayoría de los casos, al momento de tomar una decisión, nos encontramos con la posibilidad que un peligro que se pueda materializar, a pesar de analizarla y llevar acabo paso a paso la toma de decisión, por lo que hay que tratar de minimizarlo y tener otras alternativas que nos permita hacerle frente a los inconvenientes que se nos pueda presentar en el camino.

1.8 Responsabilidad y Toma de Decisiones

La persona responsable que toma decisiones, sabe que las consecuencias que vienen a continuación de su decisión, pueden ser favorables o desfavorables.

En ambos casos esa persona asume las consecuencias de su decisión. Dar una orden como puede ser para un comandante de ejército, para que sus hombres ataquen en la guerra suele traer consigo consecuencias. Personas que mueren, familiares de esos muertos, recursos necesarios para regresarlos junto a sus familias, necesidad de espacio para enterrarlos...

Asumir esa responsabilidad, porque se tomó la decisión de atacar, es la tarea que tiene que afrontar la persona con mando que pudo tomar esas decisiones.

Es fácil pedir "a mí, que me manden". Lo difícil es mandar y tener consciencia de que las consecuencias del mandato pueden ser poco agradables.

Los colaboradores esperan de sus líderes que sean capaces de analizar adecuadamente cada una de las situaciones profesionales que el día a día proporciona, además de la valentía para aplicar la correcta y rápida toma de decisiones, sin vacilaciones y asegurándose que estas decisiones se ejecutaran adecuadamente. Un líder que no toma decisiones o que las pospone invalida su actuación y provoca desconcierto y desconfianza entre sus colaboradores.

En muchas ocasiones decisiones no tomadas, mal tomadas o tomadas desde planteamientos superficiales son el origen de conflictos que impiden el buen funcionamiento de los equipos y por tanto retrasan o dificultan la consecución de los resultados de una organización.

La superficialidad entendida como la falta de disciplina en la toma de decisiones vulnera los principios de la ética y la justicia; conduce a errores y al conflicto. La profundidad en el abordaje de una decisión fomenta y desarrolla la responsabilidad individual y del equipo. Estar siempre en una actitud activa y analítica para buscar los fundamentos y la lógica en el análisis de cada situación, tanto técnica como humana aumenta nuestra capacidad para emitir juicios oportunos y acertados. Las actitudes pasivas o excesivamente prudentes de los directivos generan desmotivación, desorientación e ineficacia.

La toma de decisiones rápida bajo presión y disciplinada requiere de una orientación hacia el riesgo, de una memoria bien entrenada, de capacidad para anticipar el futuro y de control de los impulsos. Las aptitudes, intereses, habilidades y valores de cada persona influyen en el tipo de decisiones que toma y el modo en que las toma.

Quizás no haya nada más personal en el mundo de las habilidades profesionales que el proceso de toma decisiones, pues en él se pone en juego nuestra persona, nuestra historia, nuestros deseos de futuro y nuestros miedos del pasado. Elementos que irremediablemente deben combinarse con el conocimiento y asunción de los principios estratégicos de la compañía.

En la toma de decisiones entran en conjunción los criterios de la organización y los personales, los profesionales no pueden desligarse de todo su bagaje personal para adaptarse a los principios de la casa para la que trabajan, paro ello elegir y formar a las personas sobre las que dejamos las decisiones de la "marca" es un asunto de crucial interés.

Asumir las tres "R" de la toma de decisiones: Responsabilidad, Renuncia y Riesgo requiere control emocional, autonomía e iniciativa. Toda decisión supone renunciar a alguna de las alternativas posibles y en ocasiones incluso de manera irreversible, además de asumir el riesgo de exponerse dando un paso al frente y significándose, manifestando el plan maestro que guía nuestra práctica profesional, aceptando la responsabilidad de las consecuencias derivadas de la propia decisión. En las organizaciones hay permiso para equivocarse, pero no para no tomar decisiones.

La *"miopía mental"* de aquellos que consideran que su función es sumarse a la corriente, suponen una grave carga para una organización. Cada profesional es una pieza fundamental del plan estratégico, cada persona con su decisión cotidiana pone en práctica la estrategia, la visión, la misión y la cultura que hace posible conseguir los objetivos y hacen de la estrategia un proceso continuo, real y práctico. Por ello, nuestras decisiones profesionales deben ser disciplinadas basadas en información cierta y suficiente, tomándose siempre dentro de los parámetros determinados por la identidad corporativa.

La toma de decisiones laborales comienza en cada profesional, en la conciencia que tiene del mundo que te rodea y en la habilidad para descubrir aquello que es verdaderamente importante para él mismo, para su equipo, para su organización y sus clientes. Y finaliza en el logro de los resultados y objetivos profesionales y humanos.

Detrás de unos buenos resultados siempre hay una colección de decisiones oportunas y acertadas tomadas en el momento adecuado.

1.9 El Costo de una Decisión

Hoy vivimos el resultado de las decisiones personales, profesionales y empresariales que tomamos ayer, y mañana viviremos el resultado de las decisiones que tomemos hoy. A menos que aprendamos esta lección, seguiremos cometiendo los mismos errores en la vida.

Las escuelas de negocios enseñan a través del método del caso. Un caso es una situación real de una empresa, donde el protagonista toma decisiones ante determinados acontecimientos y se describen las consecuencias originadas por dichas decisiones. Los alumnos toman conciencia de las decisiones acertadas y aprenden a evitar las equivocadas.

Nuestra vida es un caso real, como protagonistas hemos tomado muchas decisiones. Pero, ¿hemos tomado conciencia de las consecuencias de nuestras decisiones? Si un niño decide poner su mano en el fuego, las consecuencias de su acción son inmediatas: siente ardor. El niño aprende lo que es el fuego y nunca más se acercará. ¿Qué pasaría si el cerebro del niño no enviara el impulso de dolor inmediatamente, sino después de unas horas? No podría hacer la asociación fuego/dolor y no aprendería su naturaleza. Posiblemente seguiría metiendo la mano al fuego y quemándose.

En la vida, muchas decisiones que tomamos no tienen resultados inmediatos. Cuando vivimos las consecuencias de nuestras acciones, olvidamos las decisiones que las originaron, desaprovechando la posibilidad de aprender la lección. Estamos tan estresados resolviendo los siguientes problemas que no nos damos el tiempo de reflexionar. ¿Qué hacer? Tomar conciencia.

Como ejercicio, escriba las decisiones personales trascendentes que usted tuvo que tomar en su vida. Analice cada decisión y defina las consecuencias favorables o destructivas en el tiempo. Trate de deducir la enseñanza que le da la vida en cada decisión.

Las lecciones que yo he aprendido son:

1. Aprendí que hay decisiones que otras personas tomaron por mí en mi vida. El costo de tomar tus propias decisiones es hacerte responsable de tus actos y no tener a nadie a quien culpar. El costo de no hacerlo, es vivir con una sensación de impotencia y dependencia que es peor.

2. Aprendí que hay decisiones que decidí no decidiendo. Se tomaron automáticamente porque no tomé la decisión a tiempo. No decidir es una forma de no asumir la responsabilidad.

3. Aprendí que cuando decides basándote en tus valores no siempre ganas en el corto plazo. Sin embargo, todas las decisiones que tomé sin tomar en cuenta mis valores resultaron desastrosas en el largo plazo

4. Aprendí que las decisiones más acertadas que tomé son aquellas que coinciden con mi dharma (misión de vida). Todos tenemos algo único que aportar a este mundo. Cuando emprendemos un proyecto alineado con nuestro dharma, el mundo se sincroniza para que todo nos vaya bien.

5. Aprendí que las peores decisiones personales y de negocios son las que tomé para inflar mi ego.

En una época de mi vida emprendí varios negocios. Quería demostrarme que podía. Quería prestigio y sentirme importante. Terminé con varios negocios que no quería hacer, sin tiempo y con fuertes pérdidas económicas.

6. Aprendí que las decisiones que más felicidad me han dado son aquellas en las que pasé por encima de mí mismo buscando el bienestar de terceras personas.

Recibí esta historia por Internet: Un rey colocó una gran piedra obstaculizando un camino. Pasaron ricos comerciantes y hombres de negocios, pero ninguno removió la piedra. Sin embargo, un campesino que pasaba cargado de verduras, se detuvo y con mucho esfuerzo logró mover la piedra. Cuando recogía sus verduras vio que debajo de la piedra había un lingote de oro con una nota. La nota era del rey y decía: "El oro es para la persona bondadosa que se tome el tiempo de remover la piedra del camino".

Tomar decisiones para beneficiar a los demás no sólo nos da felicidad como en la historia, también nos da oportunidades para mejorar en la vida.

Tema No. 2: LA MOTIVACION DE UTILIDADES.

Costo de capital. Costo de oportunidad. Valor cronológico del dinero. Descontaminando el futuro. Influencia del valor cronológico del dinero en una decisión.

2.1 El costo de capital

El Costo de Capital es el rendimiento requerido sobre los distintos tipos de financiamiento. Este costo puede ser explícito o implícito y ser expresado como el costo de oportunidad para una alternativa equivalente de inversión.

De la misma forma, podemos establecer, por tanto, que el costo de capital es el rendimiento que una empresa debe obtener sobre las inversiones que ha realizado con el claro objetivo de que esta manera pueda mantener, de forma inalterable, su valor en el mercado financiero.

La determinación del costo de capital implica la necesidad de estimar el riesgo del emprendimiento, analizando los componentes que conformarán el **capital** (como la **emisión de acciones** o la **deuda**).

Existen distintas formas de calcular el costo de capital, que dependen de las variables utilizadas por el analista.

En otras palabras, el costo de capital supone la retribución que recibirán los inversores por aportar fondos a la **empresa**, es decir, el **pago que obtendrán los accionistas y los acreedores**. En el caso de los accionistas, recibirán **dividendos** por acción, mientras que los acreedores se beneficiarán con **intereses** por el monto desembolsado (por ejemplo, aportan 10,000 dólares y reciben 12,000, lo que supone un interés de 2,000 dólares por su aporte).

La evaluación del costo de capital informa respecto al **precio que la empresa paga por utilizar el capital**. Dicho costo se mide como una tasa: existe una tasa para el costo de deuda y otra para el costo del capital propio; ambos recursos forman el costo de capital.

Cabe resaltar que el capital de una empresa está formado por el **capital contable externo** que se obtiene a través de la emisión de acciones comunes en oposición a las utilidades retenidas, el **capital contable interno** proveniente de las utilidades retenidas, las **acciones preferentes** y el **costo de la deuda** (antes y después de impuestos).

Es decir, a la hora de determinar el citado costo y también de analizar el capital en profundidad debemos llevar a cabo el establecimiento y estudio de cuestiones tan sumamente importantes en la materia como sería el caso la deducibilidad fiscal de los intereses, la tasa de rendimiento que los accionistas requieren sobre las acciones preferentes, el nivel de apalancamiento o el rendimiento mínimo de las acciones en países que no tienen mercado de valores.

2.2 El Costo de Oportunidad

El costo de oportunidad se entiende como aquel costo en que se incurre al tomar una decisión y no otra.

Es aquel valor o utilidad que se sacrifica por elegir una alternativa A y despreciar una alternativa B. Tomar un camino significa que se renuncia al beneficio que ofrece el camino descartado.

En toda decisión que se tome hay una renunciación implícita a la utilidad o beneficios que se hubieran podido obtener si se hubiera tomado cualquier otra decisión.

Para cada situación siempre hay más de un forma de abordarla, y cada forma ofrece una utilidad mayor o menor que las otras, por consiguiente, siempre que se tome una u otra decisión, se habrá renunciado a las oportunidades y posibilidades que ofrecían las otras, que bien pueden ser mejores o peores (Costo de oportunidad mayor o menor).

El costo de oportunidad en las empresas.

El costo de oportunidad es especialmente importante en las empresas, puesto que a diario, éstas deben tomar decisiones en un medio exigente y que ofrece múltiples posibilidades y alternativas.

Siempre que se va a realizar una inversión, está presente el dilema y la incertidumbre de si es mejor invertir en una opción o en otra. Cada opción trae consigo ventajas y desventajas, las cuales hay que evaluar profundamente para decidir cual permite un menor costo de oportunidad.

En la economía globalizada y competitiva que hoy tenemos, los cambios y los hechos suceden velozmente. Las condiciones pueden cambiar rápida y abruptamente en cuestión de horas o inclusive minutos. En esas condiciones es difícil evaluar detenidamente las consecuencias de tomar un camino u otro.

En tales circunstancias se hace muy difícil evaluar el costo de oportunidad presente en cada decisión tomada, por lo que se hace necesario contar con el mayor número de elementos posibles de juicio, que permitan tomar decisiones oportunas y adecuadas a las circunstancias.

El costo de oportunidad no solo está presente en el momento de decidirse por algo, sino en el camino futuro de esa decisión (Sus consecuencias a través del tiempo). A manera de ejemplo: si se decide invertir en acciones y no en divisas, el costo de oportunidad estará presente durante el tiempo de vida de esa inversión.

Es posible que al momento de hacer la inversión en acciones, éstas sean una opción más rentables que la divisas, pero puede ser que la situación se invierta en un futuro. En éste caso, al momento de invertir en acciones, el costo de oportunidad por no invertir en divisas, es menor que la utilidad que se espera obtener con las acciones (la utilidad sacrificada al no comprar divisas es compensada y superadas por la utilidad obtenida al comprar las acciones).

Pero puede suceder que a la vuelta de un meses, la divisa se fortalezca y las acciones bajen de precio, y en este momento, el costo de oportunidad supera la utilidad obtenida con la decisión tomada de invertir en acciones, lo que hace que una decisión considerada buena al momento de tomarse, se convierta en una decisión equivocada en el largo o mediano plazo.

2.3 Valor Cronológico del Dinero

Uno de los principios más importantes en todas las finanzas.

El dinero es un activo que cuesta conforme transcurre el tiempo, permite comprar o pagar a tasas de interés periódicas (diarias, semanales, mensuales, trimestrales, etc.). Es el proceso del interés compuesto, los intereses pagados periódicamente son transformados automáticamente en capital.

Encontramos los conceptos de valor del dinero en el tiempo agrupados en dos áreas valor futuro y valor actual:

- El valor futuro (VF) describe el proceso de crecimiento de la inversión a futuro a un interés y períodos dados.
- El valor actual (VA) describe el proceso de flujos de dinero futuro que a un descuento y períodos dados representa valores actuales.

Ejemplo: De las siguientes opciones ¿Cuál elegiría?

1. Tener $10,000,000 hoy, u
2. Obtener $10,000,000 dentro de un año

Ambas 100% seguras

Indudablemente, cualquier persona sensata elegirá la primera, $10,000,000 valen más hoy que dentro de un año.

Ejemplo: De las siguientes opciones ¿Cuál elegiría?

1. Tener $10 Millones hoy, u
2. Obtener $15 Millones dentro de un año

Ambas 100% seguras.

Elección más difícil, la mayoría elegiría la segunda. Contiene un «premio por esperar» llamada tasa de interés, del 50%.

Generalmente en el mercado, esta tasa de interés lo determina el libre juego de la oferta y demanda.

Otro Ejemplo: Un préstamo de $20,000 con 18% de interés anual para su uso durante los próximos cuatro años.

1º. Año del préstamo $20,000
18% costo del capital 3,600 TOTAL $23,600
2º. Año del préstamo $23,600
18% costo del capital 4,248 TOTAL $27,848
3º. Año del préstamo $27,848
18% costo del capital 5,013 TOTAL $32,861
4º. Año del préstamo $32,861
18% costo del capital 5,915 TOTAL $38,776
EL TOTAL se considera a Fin de año

Aplicando al ejemplo el concepto de valor del dinero en el tiempo, vemos que $20,000 actuales tienen un valor en el tiempo de $23,600 pasado un año, $27,848 dos años después y, $38,776 pasado cuatro años. Inversamente el valor de $38,776 a cuatro años vista es $20,000 en la actualidad.

Los cálculos del valor del dinero en el tiempo lo efectuamos con 18% de costo anual, podría haberse calculado a tasa mayor o menor, pero este costo nunca será cero. En nuestro ejemplo el valor del dinero en el tiempo de $20,000 al final de cuatro años es $38,776, evaluando al 18% de costo de capital anual.

El proceso recíproco del interés compuesto es el valor futuro o «descontando el futuro», análogamente el VA reconoce tasas de rendimiento en todas las transacciones de dinero.

El prestatario y el prestamista son dos partes de la misma transacción. El prestamista espera recibir $32,861 tres años después; no obstante, el valor actual de ese ingreso es sólo $20,000. Esto quiere decir, que el valor futuro de $32,861 descontado al presente es $20,000 al 18% de interés. El descuento es simplemente el reconocimiento del valor cronológico del dinero.

El factor tiempo juega papel decisivo a la hora de fijar el valor de un capital. No es lo mismo disponer de $10,000 hoy que dentro de un año, el valor del dinero cambia como consecuencia de:

1. La inflación.
2. La oportunidad de invertirlos en alguna actividad, que lo proteja de la inflación y al mismo tiempo produzca rentabilidad.
3. Riesgo de crédito.

Si la alternativa fuera recibir $10,000 al final de un año, nosotros aceptaríamos la propuesta a condición de recibir una suma adicional que cubra los tres elementos indicados.

Dicho esto, concluimos en que el dinero produce más dinero, o más claramente genera riqueza.

Ejemplo:

¿Me prestaría alguien $3,000 hoy, a condición de devolverle $3,000 dentro de un año? Si dicen no, quiere decir que los $3,000 dentro de un año no son los mismos a los actuales. Si piden devolver $3,450, esta suma al final de un año será el valor cronológico de $3,000 en la actualidad, en este caso, el valor del dinero ha sido evaluado al 15% anual.

Prohibidas: las Sumas y las Restas

En la ingeniería económica están prohibidas las sumas y las restas, veamos esto con un

Ejemplo: tomemos seis pagos anuales de $100 al 12% de interés anual.

Cada $100 vale únicamente este valor en su momento en la escala temporal, en cualquier otro momento, su valor es distinto. No es posible sumar los $100 al final del año 3 a los $100 del final del año 5.

Primero calculamos el valor cronológico en el año 5, o sea, que convertimos la cifra a fin que corresponda al año 5, antes que la suma tenga sentido. Al 12% de interés anual: n = 2 (5-3).

$VF = 100 (1 + 0.12)2 = \$125.44$

Luego la suma de los dos gastos en el año 2 será $125.44 + $100 = $225.44 y no $200. Es decir: Las cantidades sólo pueden sumarse o restarse cuando ocurren en el mismo momento (de tiempo).

Los montos diferentes deben transformarse primeramente en equivalentes de un mismo momento, de acuerdo con el valor del dinero en el tiempo, antes de que puedan sumarse o restarse (o manipularse en alguna otra forma).

Volviendo al ejemplo, podríamos decir, que haremos seis pagos iguales a fines de año por $600, durante los próximos seis años, lo cual es correcto, pero en ningún caso esto significa evaluación de ellos.

El dinero, como cualquier otro bien, tiene un valor intrínseco, es decir, su uso no es gratuito, hay que pagar para usarlo. El dinero cambia de valor con el tiempo por el fenómeno de la inflación y por el proceso de devaluación. El concepto del valor del dinero dio origen al interés.

Además, el concepto del valor del dinero en el tiempo, significa que sumas iguales de dinero no tendrán el mismo valor si se encuentran ubicadas en diferentes tiempos, siempre y cuando la tasa de interés que las afecta sea diferente a cero.

La inflación es el fenómeno económico que hace que el dinero todos los días pierda poder adquisitivo o que se desvalorice. Por ejemplo, dentro de un año se recibirá los mismo $1,000 pero con un poder de compra menor de bienes y servicios. Desde un punto de vista más sencillo, con los $1,000 que se recibirá dentro de un año se adquirirá una cantidad menor de bienes y servicios que la que se puede comprar hoy, porque la inflación le ha quitado poder de compra al dinero.

2.4 Interés

Cuando una persona utiliza un bien que no es de su propiedad; generalmente deba pagar un dinero por el uso de ese bien; por ejemplo se paga un alquiler al habitar un apartamento o vivienda que no es de nuestra propiedad. De la misma manera cuando se pide prestado dinero se paga una renta por la utilización de eses dinero. En este caso la renta recibe el nombre de interés o intereses.

En otras palabras se podría definir el interés, como la renta o los réditos que hay que pagar por el uso del dinero prestado. También se puede decir que el interés es el rendimiento que se tiene al invertir en forma productiva el dinero, el interés tiene como símbolo **I**. En concreto, el interés se puede mirar desde dos puntos de vista.

- Como costo de capital: cuando se refiere al interés que se paga por el uso del dinero prestado.
- Como rentabilidad o tasa de retorno: cuando se refiere al interés obtenido en una inversión.

Usualmente el interés se mide por el incremento entre la suma original invertida o tomada en préstamo (**P**) y el monto o valor final acumulado o pagado.

De lo anterior se desprende que si hacemos un préstamo o una inversión de un capital de $P, después de un tiempo n se tendría una cantidad acumulada de $F, entonces se puede representar el interés pagado u obtenido, mediante la expresión siguiente:

I = F − P (*Fórmula 2.1*)

Pero también: **I = P*i*n** (*Fórmula 2.2*)

Analizando la anterior fórmula, se establece que el interés es una función directa de tres variables: El capital inicial (P), la tasa de interés (i) y el tiempo (n). Entre mayor sea alguno de los tres, mayor serán los intereses.

Las razones a la existencia del interés se deben a:
- El dueño del dinero (prestamista) al cederlo se descapitaliza perdiendo la oportunidad de realizar otras inversiones atractivas.
- Cuando se presta el dinero se corre el riesgo de no recuperarlo o perderlo, por lo tanto, el riesgo se toma si existe una compensación atractiva.
- El dinero está sujeto a procesos inflacionarios y devaluatorios en cualquier economía, implicando pérdida en el poder adquisitivo de compra.
- Quien recibe el dinero en préstamo (prestatario) normalmente obtiene beneficios, por lo cual, es lógico que el propietario del dinero, participe de esas utilidades.

Existen dos tipos de interés: simple y compuesto, los cuales se estudiarán posteriormente.

Ejemplo:

Se depositan en una institución financiera la suma de $1,200,000 al cabo de 8 meses se tiene un acumulado de $ 200,000, calcular el valor de los intereses.

I= F-P= 1,400,000 – 1,200,000 = $ 200,000

La variación del dinero en $ 200,000 en los 8 meses, se llama valor del dinero en el tiempo y su medida, son los intereses producidos.

2.5 Tasa de Interés

La tasa de interés mide el valor de los intereses en porcentaje para un período de tiempo determinado. Es el valor que se fija en la unidad de tiempo a cada cien unidades monetarias ($100) que se invierten o se toman en calidad de préstamo, por ejemplo, se dice.: 25% anual, 15% semestral, 9 % trimestral, 3% mensual.

Cuando se fija el 25% anual, significa que por cada cien pesos que se inviertan o se prestan se generaran de intereses $ 25 cada año, si tasa de interés es 15% semestral, entonces por cada cien pesos se recibirán o se pagaran $ 15 cada seis meses, si la tasa es 9% trimestral se recibirán o se pagaran $ 9 de manera trimestral, y si la tasa es del 3% mensual, se recibirán o se pagaran $ 3 cada mes.

La tasa de interés puede depender de la oferta monetaria, las necesidades, la inflación, las políticas del gobierno, etc.

Es un indicador muy importante en la economía de un país, porque le coloca valor al dinero en el tiempo.

Matemáticamente la tasa de interés, se puede expresar como la relación que se da entre lo que se recibe de interés (**I**) y la cantidad invertida o prestada, de la fórmula (2.1), se obtiene:

$$P * I = i$$

La tasa de interés siempre se presenta en forma porcentual, así: 3% mensual, 15% semestral, 25% anual, pero cuando se usa en cualquier ecuación matemática se hace necesario convertirla en número decimal, por ejemplo: 0,03, 0,15 y 0,25

La unidad de tiempo generalmente usada para expresar las tasas de interés es el año. Sin embargo, las tasas de interés se expresan también en unidades de tiempo menores de un año. Si a la tasa de interés, no se le especifica la unidad de tiempo, se supone que se trata de una tasa anual.

Ejemplo:

Una entidad le presta a una persona la suma de $ 2,000,000 y al cabo de un mes paga $2,050,000. Calcular el valor de los intereses y la tasa de interés pagada.

I= F-P = 2,050.000 – 2,000,000 = $50,000

i = 50,000/2,000,000 = 0.025 = 2.5%

2.6 Equivalencia

El concepto de equivalencia juega un papel importante en las matemáticas financieras, ya que en la totalidad de los problemas financieros, lo que se busca es la equivalencia financiera o equilibrio los ingresos y egresos, cuando éstos se dan en períodos diferentes de tiempo.

El problema fundamental, se traduce en la realización de comparaciones significativas y valederas entre varias alternativas de inversión, con recursos económicos diferentes distribuidos en distintos períodos, y es necesario reducirlas a una misma ubicación en el tiempo, lo cual sólo se puede realizar correctamente con el buen uso del concepto de equivalencia, proveniente del valor del dinero en el tiempo.

El proceso de reducción a una misma ubicación en el tiempo, se denomina transformación del dinero en el tiempo. Además, la conjugación del valor de dinero en el tiempo y la tasa de interés permite desarrollar el concepto de equivalencia, el cual, significa que diferentes sumas de dinero en tiempos diferentes pueden tener igual valor económico, es decir, el mismo valor adquisitivo.

Ejemplo:

Si la tasa de interés es del 15%, $ 1,000 hoy es equivalente a $1,150 dentro de un año, o a $ 869.56 un año antes (1,000/1.15).

El concepto de equivalencia, también se puede definir, como el proceso mediante el cual los dineros ubicados en diferentes periodos se trasladan a una fecha o periodo común para poder compararlos.

Partiendo de la base que el dinero tiene valor en el tiempo, por consiguiente, es indispensable analizar la modalidad de interés aplicable y la ubicación de los flujos de caja en el tiempo, por lo tanto, sin importar que existen múltiples desarrollos referente a la ubicación, en este libro se tendrá en cuenta la *ubicación puntual*, la cual considera el dinero ubicado en posiciones de tiempo especifica; tiene dos modalidades.

Convención de fin periodo: valora los flujos de caja (ingresos y/o egresos) como ocurridos al final del periodo. Por ejemplo: Si durante el año 2003, se obtuvieron $1.500 millones de ingresos y el periodo analizado es enero 1 de 2007 a diciembre 31 de 2007, entonces, los ingresos se considerarían obtenidos el 31 de diciembre de 2007.

Convención de inicio de periodo: valora los flujos de caja (ingresos y/o egresos) como ocurridos al principio del periodo. En el ejemplo anterior los $ 1,500 millones de ingresos se considerarían obtenidos el 1 de enero de 2007.

En este curso mientras no se indique lo contrario, siempre se trabajará con convención de fin de periodo.

Tema No. 3 LA ESCALA DE TIEMPO.
Símbolos y términos. Tasas compuestas de rendimiento. Factores. Formulas Tasas.

3.1 Diagrama de tiempo o Flujo de Caja

El diagrama de tiempo, también es conocido con los nombres de diagrama económico o diagrama de flujo de caja. Es una de las herramientas más útiles para la definición, interpretación y análisis de los problemas financieros. Un diagrama de tiempo, es un eje horizontal que permite visualizar el comportamiento del dinero a medida que transcurren los periodos de tiempo, perpendicular al eje horizontal se colocan flechas que representan las cantidades monetarias, que se han recibido o desembolsado (FLUJO DE FONDOS O DE EFECTIVO). Por convención los ingresos se representan con flechas hacia arriba () y los egresos con flechas hacia abajo ($^-$).

Al diagrama económico o de tiempo, hay que indicarle la tasa de interés (*efectiva o periódica*) que afecta los flujos de caja, la cual; debe ser concordante u homogénea con los periodos de tiempo que se están manejando, es decir; si los periodos de tiempos son mensuales, la tasa de interés debe ser mensual, si los periodos de tiempos son trimestrales, la tasa de interés que se maneja debe ser trimestral; si los periodos de tiempos son semestrales, la tasa de interés debe ser semestrales, y así sucesivamente.

Un diagrama de tiempo tiene un principio y un fin, el principio es conocido como el hoy (ubicado en el cero del diagrama), y allí se encontrará el presente del diagrama (PD), mientras que en el fin, se ubicará el futuro del diagrama económico (FD) y la terminación de la obligación financiera. Hay que tener en cuenta, que un diagrama económico, contempla presentes y futuros intermedios, es decir, un periodo de tiempo puede ser el presente de uno o varios flujos de caja, o un periodo de tiempo podrá ser un futuro de uno o varios flujos de caja, todo depende entonces de la ubicación del periodo de tiempo versus la ubicación de los flujos de caja.

Es importante anotar que en las matemáticas financieras: *Sólo se permiten sumar, restar o comparar flujos de caja (ingresos y/o egresos) ubicados en los mismos periodos del diagrama económico.*

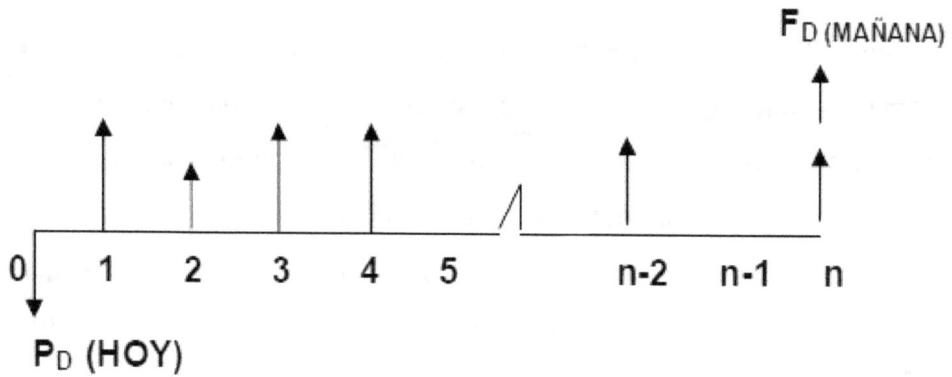

El diagrama de tiempo que se construya para un prestamista será inverso al que se construya para el prestatario.

Ejemplo:

Una persona recibe un préstamo el 1 de enero de 2006 de $ 2.000.000 y cancela el 31 de diciembre del mismo año la suma de $ 2.500.000. Construir el diagrama económico.

a) **Diagrama económico - prestamista**

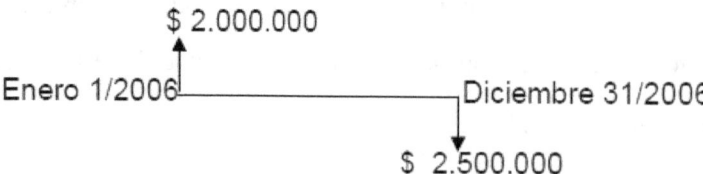

c) **Diagrama económico – prestatario**

$ 2.000.000

Enero 1/2006 ──────────────── Diciembre 31/2006

$ 2.500.000

44

3.1.1 Consideraciones

1) El momento en que el prestamista entrega el dinero, y el prestatario lo recibe se conoce con el nombre de presente o momento cero

2) El valor entregado inicialmente se denomina valor presente o simplemente P.

3) El segmento de recta representa el tiempo de la operación financiera (n)

4) La suma entregada al final recibe el nombre de valor futuro o simplemente F.

Cuando una persona ahorra o deposita dinero en una institución financiera que reconoce una tasa de interés, la relación entre las partes se asimila al escenario prestamista – prestatario. Para este caso, el ahorrador o depositante asume el papel de prestamista y la institución financiera será el prestatario.

3.2 Interés Simple

Es importante anotar que en realidad, desde el punto de vista teórico tal como expresamos en el primer capítulo, existen dos tipos de interés: el Simple y el compuesto. Pero dentro del contexto práctico el interés compuesto, es el que se usa en todas las actividades económicas, comerciales y financieras.

El interés simple, por no capitalizar intereses resulta siempre menor al interés compuesto, puesto que la base para su cálculo permanece constante en el tiempo, a diferencia del interés compuesto. El interés simple es utilizado por el sistema financiero informal, por los prestamistas particulares y prendarios. En este acápite, se desarrollaran los conceptos básicos del interés simple.

3.2.1 Definición del Interés Simple:

Es aquel que se paga al final de cada periodo y por consiguiente el capital prestado o invertido no varía y por la misma razón la cantidad recibida por interés siempre va a ser la misma, es decir, no hay capitalización de los intereses.

La falta de capitalización de los intereses implica que con el tiempo se perdería poder adquisitivo y al final de la operación financiera se obtendría una suma total no equivalente a la original, por lo tanto, el valor acumulado no será representativo del capital principal o inicial. El interés a pagar por una deuda, o el que se va a cobrar de una inversión, depende de la cantidad tomada en préstamo o invertida y del tiempo que dure el préstamo o la inversión, el interés simple varía en forma proporcional al capital (**P**) y al tiempo (**n**). El interés simple, se puede calcular con la siguiente relación:

$$I = P*i*n$$

En concreto, de la expresión se deduce que el interés depende de tres elementos básicos: El capital inicial (**P**), la tasa de interés (**i**) y el tiempo (**n**).

En la ecuación anterior se deben tener en cuenta dos aspectos básicos:

a) La tasa de interés se debe usar en tanto por uno y/o en forma decimal; es decir, sin el símbolo de porcentaje.

b) La tasa de interés y el tiempo se deben expresar en las mismas unidades de tiempo. Si la unidad de tiempo de la tasa de interés no coincide con la unidad de tiempo del plazo, entonces la tasa de interés, o el plazo, tiene que ser convertido para que su unidad de tiempo coincida con la del otro.

Por ejemplo, si en un problema específico el tiempo se expresa en trimestres, la tasa de interés deberá usarse en forma trimestral. Recuerde que si en la tasa de interés no se específica la unidad de tiempo, entonces se trata de una tasa de interés anual.

Ejemplo:

Si se depositan en una cuenta de ahorros $ 5,000,000 y la corporación paga el 3% mensual. ¿Cuál es el pago mensual por interés?

P = $ 5,000,000

n = 1 mes

i = 3% / mes

I = P*i*n ; I = 5,000,000 * 1 * 0.03 = $ 150,000/ mes

El depositante recibirá cada mes $ 150,000 por concepto interés.

3.2.2 Clases de Interés Simple

El interés se llama ordinario cuando se usa para su cálculo 360 días al año, mientras que será exacto si se emplean 365 o 366 días. En realidad, se puede afirmar que existen cuatro clases de interés simple, dependiendo si para el cálculo se usen 30 días al mes, o los días que señale el calendario. Con el siguiente ejemplo, se da claridad a lo expuesto con anterioridad.

Ejemplo:

Una persona recibe un préstamo por la suma de $ 200,000 para el mes de marzo, se cobra una tasa de interés de 20% anual simple. Calcular el interés (I), para cada una de las clases de interés simple.

Solución:

a) **Interés ordinario con tiempo exacto**. En este caso se supone un año de 360 días y se toman los días que realmente tiene el mes según el calendario. Este interés, se conoce con el nombre de interés bancario; es un interés más costoso y el que más se utiliza.

$$I = p*i*n = 200,000 \times 0.20 \times (31/360) = \$3,444.44$$

b) **Interés ordinario con tiempo aproximado**. En este caso se supone un año de 360 días y 30 días al mes. Se conoce con el nombre de interés comercial, se usa con frecuencia por facilitarse los cálculos manuales por la posibilidad de hacer simplificaciones

$$I = p*i*n = 200,000 \times 0.20 \times (30/360) = 3,333.33$$

c) **Interés exacto con tiempo exacto**. En este caso se utilizan 365 o 366 días al año y mes según calendario. Este interés, se conoce comúnmente con el nombre de interés racional, exacto o real, mientras que las otras clases de interés producen un error debido a las aproximaciones; el interés racional arroja un resultado exacto, lo cual es importante, cuando se hacen cálculos sobre capitales grandes, porque las diferencias serán significativas cuando se usa otra clase de interés diferente al racional. Lo importante, es realizar cálculos de intereses que no perjudiquen al prestamista o al prestatario.

$$I = p*i*n = 200{,}000 \times 0.20 \times (31/365) = \$3{,}397.26$$

d) **Interés exacto con tiempo aproximado**. Para el cálculo de éste interés se usa 365 o 366 días al año y 30 días al mes. No se le conoce nombre, existe teóricamente, no tiene utilización y es el más barato de todos.

$$I = p*i*n = 200{,}000 \times 0.20 \times (30/365) = \$3{,}287.71$$

Ejemplo:

Calcular el interés comercial y real de un préstamo por $ 150.000 al 30% por 70 días

Solución

a) **Interés comercial.**

$$I = p*i*n = 100{,}000 \times 0.30 \times (70/360) = \$8{,}750.00$$

b) **Interés real o exacto**

$$I = p*i*n = 100{,}000 \times 0.30 \times (70/365) = \$8{,}630.14$$

Se observa que el interés comercial resulta más elevado que el interés real para el mismo capital, tasa de interés y tiempo. Esta ganancia adicional hace que el año comercial sea muy utilizado en el sector financiero y en el sector comercial que vende a crédito.

Hay que recordar y dejar claro, que cuando el tiempo en un préstamo esta dado en días, es indispensable convertir la tasa de interés anual a una tasa de interés por día. Cuando la tasa anual se convierte a tasa diaria usando el año de 365 días o 366 si es bisiesto como divisor en la fórmula del interés simple o del monto, el interés obtenido se llama **interés real** o **interés exacto**. El año de 365 días o 366 se conoce como **año natural**.

Cuando se lleva a cabo la conversión usando como divisor 360 días, se dice que se está usando el **año comercial**. En este caso, el interés obtenido se llama **interés comercial** o **interés ordinario**.

Si un problema no menciona de forma explícita cuál tipo de interés debe calcularse, entonces se supone que se trata del cálculo de un **interés comercial**.

3.2.3 Desventajas del Interés Simple

Se puede señalar tres desventajas básicas del interés simple:

a) Su aplicación en el mundo de las finanzas es limitado
b) No tiene o no considera el valor del dinero en el tiempo, por consiguiente el valor final no es representativo del valor inicial.
c) No capitaliza los intereses no pagados en los períodos anteriores y, por consiguiente, pierden poder adquisitivo.

3.3 Monto o Valor Futuro a Interés Simple

A la suma del capital inicial, más el interés simple ganado se le llama monto o valor futuro simple, y se simboliza mediante la letra **F**. Por consiguiente,

$$F = P + I$$

Entonces, se tiene, **F = P + (P*i*n) = P(1 + i*n)**

Estas ecuaciones indican que si un capital se presta o invierte durante un tiempo **n**, a una tasa de simple **i%** por unidad de tiempo, entonces el capital **P** se transforma en una cantidad **F** al final del tiempo **n**. Debido a esto, se dice que el dinero tiene un valor que depende del tiempo.

El uso de la ecuación, requiere que la tasa de interés (**i**) y el número de períodos (**n**) se expresen en la misma unidad de tiempo, es decir; que al plantearse el problema

Ejemplo:

Hallar el monto de una inversión de $ 200,000, en 5 años, al 25% EA.

Solución

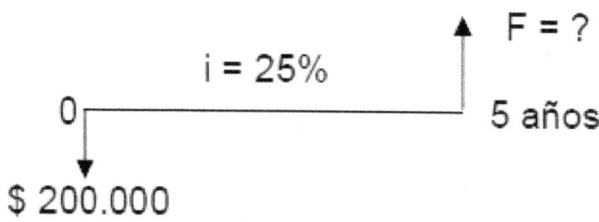

F= P(1+in) = 200,000 (1+0.25x5) = $450,000

3.4 Valor Presente o Valor Actual a Interés Simple

Se sabe que: F = P(1+in), y multiplicando a ambos lados por el inverso de (1 + in), se tiene que

$$P = F / (1+i*n)$$

Ejemplo:

Dentro de dos años y medio se desean acumular la suma de $ 3,500,000 a una tasa del 2.8% mensual, ¿Cuál es el valor inicial de la inversión?

Solución:

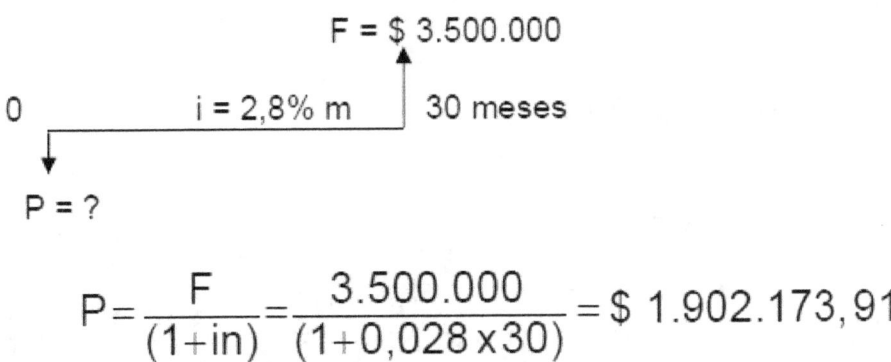

$$P = \frac{F}{(1+in)} = \frac{3.500.000}{(1+0,028 \times 30)} = \$\ 1.902.173,91$$

De acuerdo al cálculo anterior, el valor presente, simbolizado por **P**, de un monto o valor futuro **F** que vence en una fecha futura, es la cantidad de dinero que, invertida hoy a una tasa de interés dada producirá el monto **F**. Encontrar el valor presente equivale a responder la pregunta: ¿Qué capital, invertido hoy a una tasa dada, por un período determinado, producirá un monto dado?. En caso de una obligación el contexto, es exactamente el mismo, la pregunta sería: ¿Qué capital, prestado hoy a una tasa dada, por un período determinado, producirá un monto futuro a pagar?

<u>Ejemplo</u>:

Hallar el valor presente de $ 800.000 en 4 años y medio, al 3% mensual.

Solución:

a) De forma mensual

n = 4.5x12 = 54 meses

$$P = \frac{F}{(1+in)} = \frac{800.000}{(1+0,03 \times 54)} = 305.343.51$$

b) De forma anual

i = 0,03 x 12 = 36% anual

$$P = \frac{F}{(1+in)} = \frac{800.000}{(1+0,36 \times 4,5)} = 305.343.51$$

(Diagrama: F = $800.000, i = 36% anual, 4,5 años, P = ?)

3.5 Cálculo de la Tasa de Interés Simple

Partiendo que: F = P(1+ in), multiplicando a ambos lados por el inverso de **P** y restando uno a ambos lado de la ecuación se obtiene:

In + 1 = F/P, si luego se multiplican los dos términos de la ecuación por el inverso de **n**, resulta:

$$i = \frac{\left(\frac{F}{P} - 1\right)}{n}$$

3.6 Cálculo del Tiempo (n)

Partiendo que: F = P(1+ in), multiplicando a ambos lados por el inverso de **P** y restando uno a ambos lado de la ecuación se obtiene:

$$n = \frac{\left(\frac{F}{P} - 1\right)}{i}$$

3.7 El Interés Compuesto

El interés compuesto, es un sistema que capitaliza los intereses, por lo tanto, hace que el valor que se paga por concepto de intereses se incremente mes a mes, puesto que la base para el cálculo del interés se incrementa cada vez que se liquidan los respectivos intereses.

El interés compuesto es aplicado en el sistema financiero; se utiliza en todos los créditos que hacen los bancos sin importar su modalidad. La razón de la existencia de este sistema, se debe al supuesto de la reinversión de los intereses por parte del prestamista.

3.7.1 Definición Interés Compuesto

Es aquel en el cual el capital cambia al final de cada periodo, debido a que los intereses se adicionan al capital para formar un nuevo capital denominado monto y sobre este monto volver a calcular intereses, es decir, hay capitalización de los intereses. En otras palabras se podría definir como la operación financiera en la cual el capital aumenta al final de cada periodo por la suma de los intereses vencidos. La suma total obtenida al final se conoce con el nombre de ***monto compuesto o valor futuro***. A la diferencia entre el monto compuesto y el capital original se le denomina **interés compuesto** y para su cálculo se puede usar sin ningún problema la igualdad del capítulo anterior.

El interés compuesto es más flexible y real, ya que valora periodo a periodo el dinero realmente comprometido en la operación financiera y por tal motivo es el tipo de interés más utilizado en las actividades económicas.

Lo anterior, hace necesario una correcta elaboración del diagrama de tiempo y lo importante que es ubicar en forma correcta y exacta el dinero en el tiempo.

Por último, es conveniente afirmar que el interés compuesto se utiliza en la Ingeniería Económica, Matemática Financieras, Evaluación de Proyectos y en general por todo el sistema financiero

Ejemplo:

Una persona invierte hoy la suma de $ 100,000 en un certificado que paga el 7% cuatrimestral, se solicita mostrar la operación de capitalización durante dos años

Periodo	Cap. Inicial (P)	Interés	Monto (F)
0	100,000.0000		100,000.0000
1	100,000.0000	7,000.0000	107,000.0000
2	107,000.0000	7,490.0000	114,490.0000
3	114,490.0000	8,014.3000	122,504.3000
4	122,504.3000	8,575.3010	131,079.6010
5	131,079.6010	9,175.5721	140,255.1731
6	140,255.1731	9,817.8621	150,073.0352

En la tabla anterior, se aprecia que los intereses cuatrimestrales se calculan sobre el monto acumulado en cada periodo y los intereses se suman al nuevo capital para formar un nuevo capital para el periodo siguiente, es decir, se presenta capitalización de intereses, con el objeto de conservar el poder adquisitivo del dinero a través del tiempo.

Para el cálculo del interés se uso la fórmula: $I = P*i*n$, mientras que para el monto se utilizó: $F = P + I$; ecuaciones que fueron definidas con anterioridad

3.8 Comparación entre Interés Simple y Compuesto

La comparación entre el interés simple e interés compuesto, se hará a partir del siguiente ejemplo.

Ejemplo:

Suponga que se una persona invierte $ 1.000 a un interés del 2.5% mensual durante 12 meses, al final de los cuales espera obtener el capital principal y los intereses obtenidos. Suponer que no existen retiros intermedios. Calcular la suma final recuperada.

Periodo	Capital Inicial o Presente		Intereses		Monto final o Futuro	
	Simple	Compuesto	Simple	Compuesto	Simple	Compuesto
1	1.000	1.000,00	25	25,00	1.025	1.025,00
2	1.000	1.025,00	25	25,63	1.050	1.050,63
3	1.000	1.050,63	25	26,27	1.075	1.076,90
4	1.000	1.076,90	25	26,92	1.100	1.103,82
5	1.000	1.103,82	25	27,59	1.125	1.131,41
6	1.000	1.131,41	25	28,29	1.150	1.159,70
7	1.000	1.159,70	25	28,99	1.175	1.188,69
8	1.000	1.188,69	25	29,72	1.200	1.218,41
9	1.000	1.218,41	25	30,46	1.225	1.248,87
10	1.000	1.248,87	25	31,22	1.250	1280,09
11	1.000	1.280,09	25	32,00	1.275	1312,09
12	1.000	1.312,09	25	32,80	1.300	1.344,89

En la tabla se observa que el monto a interés simple crece en forma aritmética y su gráfica es una línea recta. Sus incrementos son constantes y el interés es igual en cada periodo de tiempo.

El monto a interés compuesto, en cambio, crece en forma geométrica y su gráfica corresponde a la de una función exponencial. Sus incrementos son variables. Cada periodo presenta un incremento mayor al del periodo anterior. Su ecuación es la de una línea curva que asciende a velocidad cada vez mayor.

En el diagrama anterior se puede observar que los flujos ubicados en el periodo **3, 5** y **n-2**, son valores futuros con respecto al periodo **1** o **2**, pero serán presente con respecto a los periodos **n-1** o **n**

3.9 PERIODO

El tiempo que transcurre entre un pago de interés y otro se denomina periodo y se simboliza por **n**, mientras que el número de periodos que hay en un año se representa por **m** y representa el número de veces que el interés se capitaliza durante un año y se le denomina ***frecuencia de conversión o frecuencia de capitalización***.

3.10 VALOR FUTURO EQUIVALENTE A UN PRESENTE DADO

El valor futuro, se puede encontrar a partir de un valor presente dado, para lo cual, se debe especificar la tasa de interés y el número de períodos, y a partir de la siguiente demostración, se determina la fórmula que permite calcular el valor futuro.

PERIODO	CAPITAL INICIAL	INTERES	CAPITAL FINAL
1	P	Pi	$F_1 = P + Pi = P(1+i)$
2	$P(1+i)$	$P(1+i)i$	$F_2 = P(1+i) + P(1+i)i = P(1+i)(1+i) = P(1+i)^2$
3	$P(1+i)^2$	$P(1+i)^2 i$	$F_3 = P(1+i)^2 + P(1+i)^2 i = P(1+i)^2(1+i) = P(1+i)^3$
4	$P(1+i)^3$	$P(1+i)^3 i$	$F_4 = P(1+i)^3 + P(1+i)^3 i = P(1+i)^3(1+i) = P(1+i)^4$
⋮	⋮	⋮	⋮
N	$P(1+i)^{n-1}$	$P(1+i)^{n-1} i$	$F_n = P(1+i)^{n-1} + P(1+i)^{n-1} i = P(1+i)^{n-1}(1+i) = P(1+i)^n$

Se concluye entonces que: $\mathbf{F = P(1+i)^n}$

Donde :

F = Monto o valor futuro.

P = Valor presente o valor actual.

I = tasa de interés por periodo de capitalización.

n = Número de periodos ó número de periodos de capitalización.

Ejemplo:

El 2 de enero se consignó $150.000 en una cuenta de ahorros y deseo saber cuánto puedo retirar al finalizar el año, si me reconocen una tasa de interés mensual igual a 3% ?

Solución:

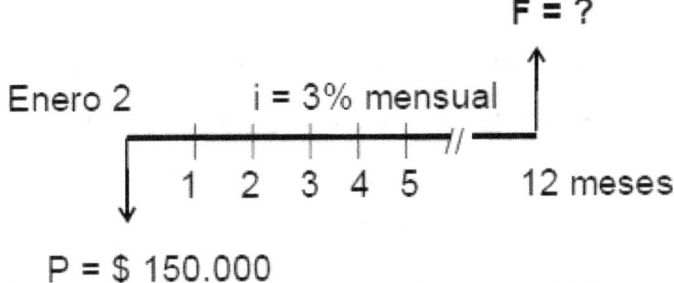

$F = P(1+i)^n$; por lo tanto: $F = 150{,}000(1+0.03)^{12} = \$ 213{,}864$

3.11 Cálculo del Valor Presente equivalente a un Futuro dado

Sabemos que $F = P(1+i)^n$; por lo tanto, $P = F(1+i)^{-n}$

El valor presente se puede definir, como el capital que prestado o invertido ahora, a una tasa de interés dada, alcanzará un monto específico después de un cierto número de periodos de capitalización.

3.12 Tasa de Interés Periódica, Nominal y Efectiva

Existen diferentes modalidades en el cobro de intereses, por ejemplo se cobran por período anticipado; es decir, intereses que se descuentan al inicio de cada período, y otros por período vencido, que son los que se cobran al final de cada periodo. Por lo anterior, es común escuchar expresiones como 20% nominal anual capitalizable trimestralmente, 7% trimestral, 7% trimestral anticipado, 24% nominal trimestre anticipado y 25% efectivo anual. Los intereses se clasifican en: Interés periódico (vencido y anticipado), interés nominal (vencido y anticipado) e interés efectivo.

3.12.1 TASA DE INTERES PERIODICA

La tasa de interés periódica se simboliza como **i**, y se aplica siempre al final de cada periodo.

Es aquella tasa en la cual se indica dos elementos básicos: La tasa y el periodo de aplicación, mientras; no se indique lo contrario se maneja como vencida, lo cual indica que también habrá tasa de interés anticipada.

Es una tasa que puede ser incluida en las fórmulas que se desarrollan en las matemáticas financieras.

Ejemplos: 2% mensual, 4% bimestral, 6% trimestral, 18% semestral y 30% anual.

3.12.2. TASA DE INTERES NOMINAL

Es una tasa de interés de referencia y se denomina como **r**, por ser de referencia no mide el valor real de dinero, por lo tanto, no puede ser incluido en las fórmulas de las matemáticas financieras. Es una tasa de interés que necesita de tres elementos básicos: La tasa, el periodo de referencia y el periodo de composición.

El periodo de referencia mientras no se diga lo contrario, siempre será el año, y se dice que está implícito y por tanto, no es necesario señalarlo.

El periodo de composición puede recibir el nombre de: periodo de capitalización, periodo de liquidación o periodo de conversión.

El interés nominal, también puede ser anticipado, pero en este caso el período de aplicación se señala de manera anticipada.

Como ejemplos de interés nominales vencidos se pueden señalar: 4% bimestral compuesto mensualmente, 18% semestral capitalizable trimestralmente, 28% anual liquidable cuatrimestralmente, 32% convertible mensualmente.

Se pueden mencionar como ejemplos de interés nominal anticipado los siguientes: 4% bimestral compuesto mensualmente anticipado, 18% semestral capitalizable trimestralmente anticipado, 28% anual liquidable cuatrimestralmente anticipado, 32% convertible mensualmente anticipado. En los ejemplos anteriores el período de aplicación de define o se señala de manera anticipada.

Se puede plantear la siguiente relación entre la tasa de interés periódica y la tasa de interés nominal:

$$r = i*m \quad \text{por lo tanto: } i = r/m$$

Donde:
i = tasa de interés periódico
r = tasa nominal
m = frecuencia de conversión = número de períodos o de sub períodos que se encuentran en el periodo de referencia, que generalmente es el año. Simplemente se podría definir como el número de capitalizaciones dentro del periodo de referencia.

3.12.3 TASA DE INTERES EFECTIVO

Se denomina por i_e. Es un interés periódico especial, debido a que un interés para un período especifico, es el interés efectivo para ese período, por ejemplo: el interés del 3% mensual, es el interés periódico para el mes y al mismo tiempo, es su interés efectivo. Lo que indica que para denotar el interés efectivo, sólo se necesita indicar la tasa y el periodo de aplicación. El interés efectivo, mide el costo o la rentabilidad real del dinero.

La tasa de interés efectivo, se puede definir también, como la tasa de interés que en términos anuales (en un tiempo más extenso), que es equivalente a una tasa de interés periódico (en un tiempo menos extenso).

La tasa de intereses efectivo, es aquella que al aplicarla una vez sobre un periodo de referencia, genera el mismo ingreso total (valor futuro), que cuando se aplica una tasa de interés periódico m veces sobre el mismo periodo de referencia.

Ejemplo 4.2

¿Cuál es la tasa efectiva que una persona por un préstamo bancario que se pactó al 20% de interés anual convertible bimestralmente?

Solución:

Aplicando en forma directa la fórmula:

$$i_e = \left(1 + \frac{r}{m}\right)^m - 1 \qquad \text{Se tiene:}$$

$$i_e = \left(1 + \frac{0.20}{6}\right)^6 - 1 = (1{,}033333)^6 - 1 = 21{,}74\% \text{ anual}$$

Tema No. 4: FORMULAS DE LA TASA DE RENDIMIENTO
Valores cronológicos de series aritméticas. Comparación de alternativas. La prueba de inversiones.

4.1 Algunos conceptos Adicionales

4.1.1 Devaluación

La devaluación es la pérdida de valor de la moneda de un país frente en relación a otra moneda cotizada en los mercados internacionales, como son el dólar estadounidense, el euro o el yen. Por ejemplo, si analizamos el comportamiento del peso dominicano versus el dólar estadounidense y la devaluación aumenta en República Dominicana, entonces; se tendrá que dar más pesos por dólar.

La devaluación como fenómeno afecta el sector externo de un país en diversos frente de la economía, un sector que se beneficia por la devaluación, es el de la exportaciones debido a que los exportadores recibirán más pesos por la venta de sus productos (bienes y servicios) en el extranjero e incentiva a muchos empresarios a vender sus bienes y servicios en otros países aumentando así las reservas internacionales. La devaluación aumenta la deuda del país en términos de pesos; las importaciones aumentan de valor provocando una mayor inflación y reduce la inversión extranjera debido a que los efectos de la devaluación disminuyen la rentabilidad de los inversionistas extranjeros.

4.1.2 Tasa de Cambio

La tasa de cambio (**TC**) muestra la relación que existe entre dos monedas. Expresa, por ejemplo, la cantidad de pesos que se deben pagar o recibir por una unidad monetaria extranjera. En el caso de República Dominicana, se toma como base el dólar, por ser la divisa más usada para las transacciones en el exterior, razón por la cual, sería la cantidad de pesos que se necesitan para comprar un dólar.

Al igual que con el precio de cualquier bien o servicio, la tasa de cambio aumenta o disminuye dependiendo de la oferta y la demanda, pues cuando la oferta es mayor que la demanda (hay abundancia de dólares en el mercado y pocos compradores) la tasa de cambio baja; mientras que, por el contrario cuando hay menos oferta que demanda (hay escasez de dólares y muchos compradores), la tasa de cambio sube.

Se pueden adoptar sistemas cambiarios que permitan que se lleve a cambio una determinada política de tasa de cambio. Fundamentalmente, el sistema cambiario puede ser un sistema de tipo de cambio fijo y variable (flotante).

4.1.2.1 Tasa de cambio fija

Este sistema tiene como objetivo mantener constante, a través del tiempo, la relación de las dos monedas; es decir, que la cantidad de pesos que se necesiten para comprar un dólar (u otra moneda extranjera) sea la misma siempre.

En este caso, el Banco Central, se compromete a mantener esta relación y tomar las acciones necesarias para cumplir con este objetivo.

Por lo tanto, cuando en el mercado existe mucha demanda por dólares o cualquier otra divisa (moneda extranjera), el Banco pone en el mercado la cantidad de dólares necesaria para mantener la tasa de cambio en el valor que se determinó.

Igualmente, cuando se presentan excesos de oferta (cuando hay más dólares en el mercado de los que se están pidiendo o demandando), el Banco compra dólares para evitar que la tasa de cambio disminuya.

4.1.2.2 Tasa de cambio variable (flotante)

Este régimen permite que el mercado, por medio de la oferta y la demanda de divisas (monedas extranjeras), sea el que determine el comportamiento de la relación entre las monedas.

El banco central no interviene para controlar el precio, por lo cual la cantidad de pesos que se necesitan para comprar una unidad de moneda extranjera (dólar, por ejemplo) puede variar a lo largo del tiempo.

En República Dominicana, desde agosto de 2002, existe una categoría particular de tasa de cambio flotante que se denomina tasa de cambio flotante sucia.

Ésta tiene como fundamento un sistema cambiario de tasa de cambio flotante, sin embargo, esta tasa no es completamente libre, porque en un punto determinado, buscando evitar cambios repentinos y bruscos en el precio de la moneda, las autoridades pueden intervenir en el mercado.

La diferencia de una tasa de cambio flotante sucia con una tasa de cambio fija es que, en este sistema de tasa de cambio, no se establecen unas metas fijas por encima o por debajo de las cuales el valor de la moneda no puede estar.

4.1.3 Tasa de Devaluación

Es la pérdida porcentual del valor de la moneda de un país frente a la moneda de otro país. Una tasa de devaluación (**idv**), se puede determinar a través de la siguiente igualdad:

$$i_{dv} = \frac{TC_1 - TC_0}{TC_0} \times 100$$

De donde se deduce que:

TC1>TC0

TC1= Son las unidades monetarias que se darán o recibirán por otra unidad monetaria en el mañana (futuro).

TC0 = Son las unidades monetarias que se darán o recibirán por otra unidad monetaria en el hoy (Presente).

4.1.4 Revaluación

La revaluación es la ganancia de valor de la moneda de un país frente a la moneda de otro país, lo que significa que habrá que pagar menos pesos por el mismo dólar.

Una caída del precio de la divisa se llama revaluación de la moneda en un régimen de tipo de cambio fijo, y apreciación en uno de tasa flotante. Cuando la moneda local se revalúa o se aprecia, se produce un aumento del poder de compra, pues cuesta menos una unidad de moneda extranjera; en este caso, la tasa de cambio baja y la moneda local se fortalece.

Por ejemplo, si una economía con esquema de tasa fija, recibe una avalancha de dólares por las exportaciones de un producto que tiene altos precios en el mercado mundial, como ha sucedido con el petróleo en los últimos años; en ese caso el precio de las divisas tenderá a bajar porque hay una gran oferta de ellas, es decir, hay una tendencia hacia la revaluación de la moneda local. En este caso el Banco Central tendrá que intervenir en el mercado comprando divisas para que su precio no caiga, pagando por ellas con moneda local; compra de divisas que aumentará la cantidad de dinero que circula en la economía.

Si lo expuesto anteriormente, se registra en un régimen de tasa de cambio flexible, el Banco Central no tiene que intervenir en el mercado cambiario, y por lo tanto no se altera la cantidad de dinero de la economía.

El precio de la divisa bajará porque su oferta es mayor que su demanda, lo que significa que la tasa de cambio se reducirá. En la medida en que cuesta menos una unidad de moneda extranjera, el precio en moneda local de los bienes importados disminuirá, lo cual puede además reducir el precio de los bienes producidos localmente.

4.2 Series Cronológicas

4.2.1 Introducción

Los flujos de caja (pagos) de los créditos comerciales y financieros, normalmente tienen las características de ser iguales y periódicos, estos se denominan anualidades, series uniformes, por ejemplo; son anualidades las cuotas periódicas para pagar período a período un electrodoméstico, de un vehículo, los salarios mensuales, las cuotas de los seguros, los pagos de arrendamientos, entre otros, siempre y cuando, no varíen de valor durante algún tiempo.

En este capítulo, se trataran las anualidades más comunes y de mayor aplicación en la vida cotidiana. Por lo cual, se calculará el valor presente de una anualidad y su valor futuro, de la misma manera se determinará el valor de la cuota igual y periódica y el número de períodos de la negociación.

De la misma manera, se realizará el estudio de la anualidad conocida como impropia, es decir, aquella en que no todos los pagos son iguales.

4.2.2 DEFINICIÓN DE ANUALIDAD

Una anualidad es una serie de flujos de cajas iguales o constantes que se realizan a intervalos iguales de tiempo, que no necesariamente son anuales, sino que pueden ser diarios, quincenales o bimensuales, mensuales, bimestrales, trimestrales, cuatrimestrales, semestrales, anuales.

Las anualidades se simbolizan con la letra **A**.

El concepto de anualidad, es importante en el área de las finanzas, entre otras consideraciones, porque es el sistema de amortización más utilizado en las instituciones financieras en sus diferentes modalidades de créditos.

Además, es muy frecuente que las transacciones comerciales se realicen mediante una serie de pagos hechos a intervalos iguales de tiempo, en vez de un pago único realizado al final del plazo establecido en la negociación.

Es conveniente, antes de seguir con el estudio de las anualidades, tener en cuenta las definiciones de los siguientes términos:

4.2.2 Renta o Pago

Es un pago periódico que se efectúa de manera igual o constante. A la renta también se le conoce con el nombre: cuota, depósito. Cualquier de estos términos pueden ser utilizados en lugar de anualidad.

4.2.3 Periodo de Renta

Es el tiempo que transcurre entre dos pagos periódicos consecutivos o sucesivos. El periodo de renta puede ser anual, semestral, mensual, etc.

4.2.4 Plazo de una anualidad.

Es el tiempo que transcurre entre el inicio del primer período de pago y el final del último período de pago.

4.3 REQUISITOS PARA QUE EXISTA UNA ANUALIDAD

Para que exista una anualidad se debe cumplir con las siguientes condiciones:

- Todos los flujos de caja deben ser iguales o constantes.
- La totalidad de los flujos de caja en un lapso de tiempo determinado deben ser periódicos.
- Todos los flujos de caja son llevados al principio o al final de la serie, a la misma tasa de interés, a un valor equivalente, es decir, a la anualidad debe tener un valor presente y un valor futuro equivalente.
- El número de períodos debe ser igual necesariamente al número de pagos.

4.4 CLASIFICACIÓN DE LAS ANUALIDADES SEGÚN EL TIEMPO

Las anualidades según el uso del tiempo se clasifican en ciertas y contingentes.

4.4.1 Anualidades Ciertas

Son aquellas en las cuales los flujos de caja (ingresos o desembolsos) inician y terminan en periodos de tiempos definidos.

Por ejemplo, cuando una persona compra en un almacén un electrodoméstico a crédito, se establecen en forma inmediata las fechas de iniciación y terminación de la obligación financiera.

Las anualidades perpetuas o indefinidas, son una variante de las anualidades ciertas.

Los flujos de caja de las anualidades indefinidas comienzan en un periodo específico o determinado y la duración es por tiempo ilimitado.

4.4.2 Anualidades contingentes

Son aquellas en las cuales la fecha del primer flujo de caja, la fecha del último flujo de caja, o ambas depende de algún evento o suceso que se sabe que ocurrirá, pero no se sabe cuándo.

El ejemplo más clásico, es el contrato de un seguro de vida, se sabe que hay un beneficiario, al cual hay que realizarle una serie de pagos en un tiempo plenamente definido, pero no se sabe cuándo empezarán, por desconocerse fecha en que morirá el asegurado.

Por el alcance que tienen las anualidades contingentes, no serán estudiadas en este momento.

4.4.3 Clasificación de las anualidades según los intereses

Según el uso de los intereses las anualidades se clasifican en anualidades simples y generales.

4.4.3.1 Anualidades simples

Son aquellas en que el periodo de capitalización de los intereses coincide con el periodo de pago. Por ejemplo, cuando se realizan depósitos trimestrales en una cuenta de cuenta de ahorros intereses capitalizables cada trimestre.

4.4.3.2 Anualidades Generales

Son aquellas en que el periodo de capitalización de los intereses no coincide con el periodo de pago. Por ejemplo, cuando se realizan depósitos mensuales en una cuenta de ahorro pero los intereses se capitalizan cada bimestre.

4.4.4 Clasificación de las anualidades según el momento de iniciación.

Las anualidades se clasifican según el momento de iniciación en diferidas e inmediatas.

4.4.4.1 Anualidades diferidas

Son aquellas en las cuales la serie de flujos de caja (Ingresos ó Desembolsos), se dan a partir de un período de gracia.

Este se puede dar de dos maneras:
    a) Período de gracia muerto,
    b) Período de gracia con cuota reducida.

En el periodo de gracia muerto, no hay abonos a capital, ni pagos de interés, lo que implica que el valor de obligación financiera al final del período de gracia se acumula por efecto de los intereses, incrementándose el saldo de la obligación financiera, por lo tanto, a partir de este nuevo valor se determina el valor de la cuota ó de la anualidad (**A**).

En el periodo de gracia con cuota reducida, se hacen pagos de intereses, pero no abono al capital, por lo cual, el valor de la obligación financiera, no cambia por efecto de los intereses, ya que estos se han venido cancelando a través del tiempo, por lo tanto, el valor de la obligación financiera al final del periodo de gracia, es el inicial, y a partir de él, se calcula ó se determina el valor de la cuota ó de la anualidad (**A**)

Para el cálculo del valor presente y del valor futuro de una anualidad diferida, se pueden utilizar las expresiones que se demostraran para las anualidades vencidas y anticipadas.

Posteriormente sé vera como se pueden adaptar las fórmulas para aplicarlas sobre las anualidades diferidas.

4.4.4.2 Anualidades inmediatas

Son aquellas en la que serie de flujos de caja (Ingresos ó Desembolsos) no tiene aplazamiento algunos de los flujos, es decir, los flujos se realizan en el periodo inmediato a la firma del contrato o del pagaré.

4.4.5 Clasificación de las anualidades según los pagos

Según los pagos las anualidades pueden ser vencidas u ordinarias y anticipadas.

4.4.5.1 Anualidades Vencidas

Son aquellas en las que la serie de flujos de caja se realizan al final de cada periodo, por ejemplo, el salario mensual de un trabajador, en general las cuotas mensuales e iguales que se generan en todo tipo de transacciones comerciales, como la compra de vehículos, electrodomésticos, etc.

4.4.5.2 Anualidades anticipadas

Son aquellas en las que la serie de flujos de caja se realizan al inicio de cada periodo, por ejemplo, el valor del canon de arrendamiento que se cancelan al comienzo de cada periodo.

4.5 VALOR PRESENTE DE UNA ANUALIDAD VENCIDA

Es una cantidad o valor, localizado un periodo antes a la fecha del primer pago, equivalente a una serie de flujos de caja iguales y periódicos. Matemáticamente, se puede expresar como la suma de los valores presentes de todos los flujos que compone la serie.

Si se considera que una deuda (**P**) se va a cancelar mediante **n** pagos iguales de valor **A**, a una tasa de interés se tiene:

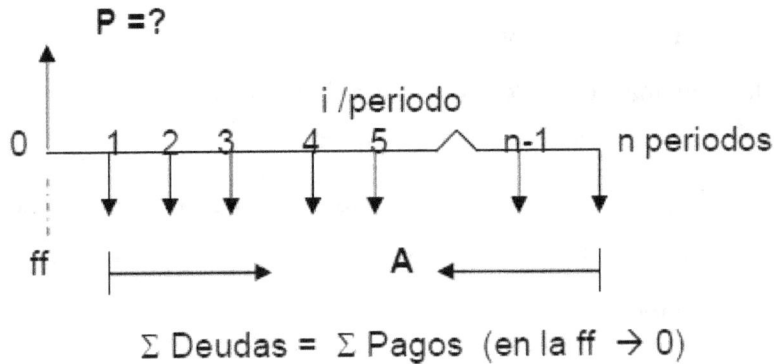

$$P = A\left[\frac{1-(1+i)^{-n}}{i}\right]$$

Con la expresión anterior se encuentra un Valor Presente (P) equivalente a una serie de flujos de cajas iguales y periódicos, conocidos el número de pagos (**n**), el valor de cada pago (**A**) y la tasa de interés (**i**). Para evitar errores en el cálculo del valor presente de una anualidad, es importante recordar que:

El valor presente (P) estará ubicado al principio del periodo en que aparece el primer flujo de caja (A).

El valor entre llaves de la fórmula, se conoce con el nombre de **factor valor presente serie uniforme**.

Usando la forma nemotécnica, la fórmula se puede expresar de la siguiente manera:

P = A(P/A,i,n)

La expresión se lee: Hallar **P** dados **A, i, n**.

Es importante anotar, que lo clave ó fundamental para resolver ejercicios relacionados con anualidades vencidas, es la determinación del cero (**0**), porque en él se encontrara el valor presente de la anualidad, teniéndose en cuenta que siempre se ubicará un periodo antes del primer flujo de caja ó pago de la anualidad, de la misma manera, es necesario determinar, el período donde termina la anualidad vencida, recordando siempre que éste periodo, es él que contiene el último flujo de caja o pago.

Por lo tanto, el **n** de una anualidad vencida, se determina por la diferencia que existe entre el período donde termina la anualidad y el período donde se encuentra localizado su cero (**0**)

4.6 CALCULO DE LA ANUALIDAD EN FUNCION DEL VALOR PRESENTE.

Se demostró que:
$$P = A \left[\frac{1-(1+i)^{-n}}{i} \right]$$
por lo tanto despejando el valor de **A**, se obtendría:

$$A = P \left[\frac{i}{1-(1+i)^{-n}} \right]$$

Ejemplo:

Un apartamento se adquiere a crédito por la suma de $ 60.000.000 en cuota mensuales iguales, la obligación se pacta a 15 años a una tasa de interés del 3% mensual.
Determinar el valor de las cuotas.

Solución:

El diagrama económico de la operación financiera será:

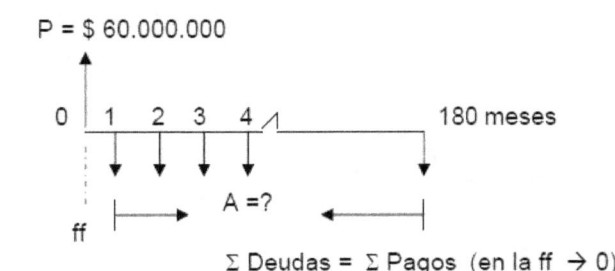

$$A = P\left[\frac{i}{1-(1+i)^{-n}}\right] = 60.000.000\left[\frac{0.03}{1-(1+0.03)^{-180}}\right] = \$1.808.845,062$$

$A = \$1.808.845,062$; Seria el valor de las cuotas

Tema No. 5: VALORES CRONOLOGICOS IGUALES.

Definición de equivalencia. Evaluación de alternativas por equivalencia. La equivalencia y el uso de fondos.

5.1 La Equivalencia:

Antes de hablar de equivalencia necesitamos precisar que es una Inversión, que no es más que cualquier *sacrificio de recursos hoy con la esperanza de recibir algún beneficio en el futuro.*

Sí analizamos la primera palabra: **Sacrificio**, veríamos varias vertientes:

- Tendencia al consumo inmediato
- Si se quiere que alguien no consuma algo, hay que buscar la forma de recompensarla.
- Ejemplo: ¿Si Usted tiene el dinero para comprar un IPAD hoy, guardaría ese dinero debajo del colchón para adquirirlo dentro de un año?

La segunda palabra: **Recursos**, tendremos entonces:

- No solamente se evalúan los recursos monetarios, también se deben tener en cuenta los demás recursos DESEABLES y ESCASOS.
- Un problema: La valoración de los activos.

La Tercera y cuarta palabras Claves: **HOY** y **FUTURO**, tal como lo hemos discutido anteriormente

- El tiempo es el elemento principal de la matemática financiera:
- **El valor del dinero como recurso tiene sentido UNICAMENTE cuando este se usa por un periodo de tiempo.**

La Quinta palabra: **Esperanza**

- En cualquier inversión, existe el riesgo de no recibir parte o toda la inversión y los beneficios esperados.

La Sexta palabra: **Beneficio**

- Implica que además de recibir la inversión, debe recibir algún recurso adicional.

Beneficio = Recuperación de la inversión + Ingreso adicional

Sí pensamos en los beneficios, debemos hacernos varias preguntas:

- ¿De cuánto deben ser estos beneficios o intereses?
- ¿Cuánto es lo mínimo que debo cobrar para no perder?

Los beneficios deberán cubrir:

1. La pérdida del poder adquisitivo. (Inflación)
2. El riesgo de perder una parte o todo el dinero.
3. El "sacrificio" de no consumir ahora (componente real)

5.2 La inflación:

Medida del aumento del nivel general de precios a través de la canasta familiar. En La República Dominicana, el Banco Central utiliza el IPC (Indice de Precio al Consumidor) para cálculo la inflación.

Este índice se basa en la medición de la canasta familiar en diferentes ciudades del país

Esta canasta familiar está compuesta por diferentes grupos de gasto y para cada uno de los estratos socio-económicos

5.3 Tasas Equivalentes:

Se puede observar cómo las tasas de interés se estipulan para un periodo de tiempo como por ejemplo meses, trimestres semestres o años, adicionalmente se determina el momento en el que se pagan los intereses dentro del periodo, es decir, los intereses se pueden pagar de forma anticipada o vencida.

Siguiendo la idea del concepto de equivalencia, se puede determinar relaciones entre las tasas para:

- Convertir tasas anticipadas a tasas vencidas.
- Convertir tasas de un tipo de periodo a otro, por ejemplo de meses a semestres.
- Comparar tasas anticipadas con tasas vencidas
- Comparar tasas de diferentes períodos.

5.4 Interés Anticipado e Interés Vencido:

Los intereses se pueden pagar al comienzo o al final del periodo, aunque internacionalmente no es muy común que se paguen de la primera forma, en nuestro país, se utilizan continuamente los dos formatos, lo que en muchos casos implica una gran confusión de quién toma prestado.

- El interés anticipado se ocasiona cuando los intereses se pagan al comienzo del periodo.

• El interés vencido se ocasiona con el pago de intereses al final del periodo.

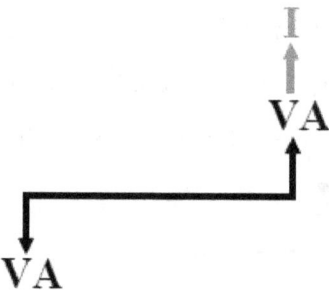

Ejemplo:

A una empresa le acaban de pagar una factura por $400.000 con un cheque futurista a un mes.

Como la empresa necesita urgentemente el dinero, decide recurrir a los servicios de un prestamista que entre sus actividades tiene el cambio de este tipo de cheques.

El prestamista, gustosamente cambia el cheque y le entrega a la empresa $380.000, pues cobró los intereses (5%) por adelantado.

Diagrama de Flujo de Caja del Prestamista:

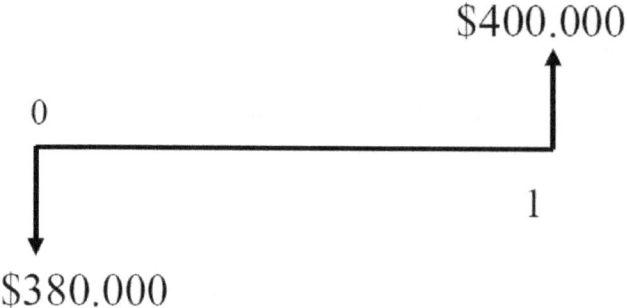

Calculando la tasa de interés:

$$i\% = \frac{I}{VA} = \frac{20.000}{380.000}$$

$$=5.26\%$$

Observe que el cobro anticipado de intereses ocasiona un aumento de 0.26% en la tasa.

En conclusión una tasa de 5% anticipado es equivalente a un 5.26% vencido.

Tenemos entonces que:

$$\boxed{ia = \frac{iv}{1+iv}}$$

5.5 EQUIVALENCIA FINANCIERA

En toda Operación Financiera existe lo que se llama Equivalencia Financiera entre las partes que intervienen en una operación. La Ingeniería económica se basa en este principio.

Al estudiar esta materia es necesario plantear algunos términos relacionados, para interpretar el fenómeno en su contexto teórico.

La actividad económica se desarrolla sobre la base del intercambio entre agentes económicos. Este intercambio puede darse de forma no simultánea (en el tiempo) entre los mismos.

La actividad financiera está contenida dentro de la actividad económica y se manifiesta cuando el intercambio se separa en el tiempo, es así que en dicha actividad interviene además del capital, el momento en que los sujetos que intervendrían se posesionan del mismo, es decir, el tiempo (n).

Muchos autores convienen en definir el capital financiero de la siguiente manera:

5.6 Capital Financiero

Es la medida expresada en unidades monetarias de un bien económico referida al momento de su disponibilidad o vencimiento, donde C es la cuantía del capital.

5.7 El Interés. Definición. Elementos de una operación a interés.

Una vez definido lo que es la Ingeniería Económica hay que plantear que presenta principios básicos:

5.7.1 La Capitalización:

Proyección hacia el futuro sobre una tasa dada.

5.7.2 El Descuento:

Proyección hacia el presente de una cantidad futura sobre la base de una tasa de descuento.

Vinculados con estos principios se encuentran el Interés Simple y Compuesto, los descuentos, actualización de valor, el estudio de las rentas, y los bonos.

Las Leyes Financieras son las leyes de la capitalización y del descuento, la primera se expresa a través de las técnicas del interés.

5.7.3 Interés:

Categoría económica histórica que expresa determinadas relaciones. Surge a partir del préstamo del dinero.

5.7.3.1 Definición:

Compensación dada por el empleo del dinero o la utilidad producida por una cierta cantidad prestada a un tanto por ciento convenido por un tiempo. Es el precio o tributo del dinero.

En toda operación a interés se deben considerar las magnitudes derivadas:

- Principal o Capital Inicial (C_0): Es el dinero invertido, cantidad prestada por una persona natural o jurídica llamada prestamista (el que recibe es prestatario).

- Interés o rédito (I): Rendimiento del capital, beneficio o tributo que recibe el prestamista.

- Tasa o tanto por ciento (i) : Interés que se paga por cada cien pesos o cualquier unidad monetaria que se ha recibido en préstamo, durante la unidad de tiempo. Rendimiento relativo del dinero, cuando se expresa en por ciento se denomina tipo.

Cuando se divide entre cien se denomina tanto por uno y expresa el interés devengado por un peso.

- Tiempo (n): El tiempo en que queda prestado un capital o que dura la operación.

- Monto (C_n): Suma futura o valor futuro. Se calcula como la suma del principal más el interés. (C_0+ I)

5.8 Alternativas y Consecuencias

En ingeniería cuando se nos presenta algún tipo de problemas, para resolver el mismo debemos tener plena conciencia de cuál es en realidad el problema. Igualmente para resolver el problema de seguro existirán varias alternativas. Lo mismo ocurre cuando deseamos hacer inversiones, de seguro aflorarán diferentes alternativas para afrontar la inversión en cuestión.

A principios del siglo pasado un Ingeniero en Jefe de una empresa telefónica[1], aplicaba a los proyectos que le llegaban para su estudio y posterior aprobación tres simples preguntas:

    1) Por qué hacer esto?
    2) Por qué hacerlo ahora?
    3) Por qué hacerlo de esta forma?

Es muy importante destacar que las alternativas a la hora de tomarlas en consideración debemos de tener las mismas muy claramente, evaluando siempre las ventajas y desventajas de las mismas. Siempre que tomamos una decisión, debemos basarnos en las consecuencias que esperamos. Estas consecuencias ocurrirán en el futuro y siempre tendremos varios escenarios:

    a) El mejor escenario
    b) El escenario más probable
    c) El peor escenario

---
1. *Grant, Ireson, Leavenworth. Principios de Ingeniería Económica. Primera Edición. Página 11*

Cada vez que deseemos establecer los procedimientos para la formulación y evaluación del proyecto, debemos destacar de quién es el punto de vista que adoptaremos, ya que la evaluación no es la misma para el propietario de un proyecto o desarrollador del mismo que para el banco que podría prestar el dinero para el proyecto o para el adquirente final del mismo. Son todos puntos de vista diferentes.

Cuando comparamos alternativas es muy importante que todas las consecuencias sean proporcionales una con otra hasta donde sea posible.

Esto significa que las consecuencias esperadas debemos expresarlas en cifras y las mismas unidades deben ser aplicadas a todas las cifras.

En las decisiones económicas, el dinero es la única unidad que satisface la especificación anteriormente mencionada.

Una cosa interesante a destacar es que cuando evaluamos alternativas no se necesita cotejar lo que es común en todas las alternativas estudiadas, por el contrario sólo es relevante comparar las diferencias entre las alternativas

5.9 Criterios y Procedimientos para la Toma de Decisiones

Siempre es deseable contar con un criterio o varios criterios para la toma de decisiones en proyectos de inversión. Obviamente estos criterios que nos brinda la ingeniería económica debemos aplicarlos a las diferentes alternativas que tengamos a mano.

El criterio primario debe aplicarse a una elección entre alternativas posibles de inversiones en activos físicos, haciendo el mejor uso de los recursos que siempre son escasos.

Es útil el uso de criterios secundarios para aclarar las incertidumbres que siempre tienen los proyectos de inversión.

Con frecuencia existen efectos colaterales que debemos de tomar en cuenta cuando se toman decisiones.

Existen en la Ingeniería Económica varias formas para evaluar alternativas que consideraremos en los próximos capítulos o temas:

- Comparaciones de Costos
- Análisis de Valor Presente o Valor Actual
- Tasa Interna de Retorno (TIR)
- Relación Beneficio Costo (B/C)
- Etc..

Tema No. 6: COMPARACIONES DE COSTO Y VALORES ANUALES.

Comparación en valor presente de alternativas con vidas iguales. Comparación en valor presente de alternativas con vidas diferentes. Costo de ciclo de vida. Cálculos del costo capitalizado. Comparación de dos alternativas según el costo capitalizado

Una cantidad futura de dinero convertida a su equivalente en valor presente tiene un monto de valor presente siempre menor que el del flujo de efectivo real, debido a que para cualquier tasa de interés mayor que cero, todos los factores P/F tienen un valor menor que 1.O.

Por esta razón, con frecuencia se hace referencia a cálculos de valor presente, bajo la denominación de métodos de *flujo de efectivo descontado* (FED). En forma similar, la tasa de interés utilizada en la elaboración de los cálculos se conoce como la *tusa de descuento*. Otros términos utilizados a menudo para hacer referencia a los cálculos de valor presente son valor presente (VP) y valor presente neto (VPN).

Independientemente de cómo se denominen, los cálculos de valor presente se utilizan de manera rutinaria para tomar decisiones de tipo económico relacionadas. Hasta este punto, los cálculos de valor presente se han hecho a partir de los flujos de efectivo asociados sólo con un proyecto o alternativa únicos.

En este capítulo, se consideran las técnicas para comparar alternativas mediante el método de valor presente. Aunque las ilustraciones puedan estar basadas en la comparación de dos alternativas, al evaluar el valor presente de tres o más alternativas se siguen los mismos procedimientos.

6.1 COMPARACIÓN EN VALOR PRESENTE DE ALTERNATIVAS CON VIDAS IGUALES

El método de *valor presente (VP)* de evaluación de alternativas es muy popular debido a que los gastos o los ingresos futuros se transforman en *dólares equivalentes de ahora*.

Es decir, todos los flujos futuros de efectivo asociados con una alternativa se convierten en dólares presentes. En esta forma, es muy fácil, aun para una persona que no está familiarizada con el análisis económico, ver la ventaja económica de una alternativa sobre otra.

La comparación de alternativas con vidas iguales mediante el método de valor presente es directa. Si se utilizan ambas alternativas en capacidades idénticas para el mismo periodo de tiempo, éstas reciben el nombre de alternativas de servicio *igual*.

Con frecuencia, los flujos de efectivo de una alternativa representan solamente desembolsos; es decir, no se estiman entradas. Por ejemplo, se podría estar interesado en identificar el proceso cuyo costo inicial, operacional y de mantenimiento equivalente es el más bajo. En otras ocasiones, los flujos de efectivo incluirán entradas y desembolsos. Las entradas, por ejemplo, podrían provenir de las ventas del producto, de los valores de salvamento del equipo o de ahorros realizables asociados con un aspecto particular de la alternativa. Dado que la mayoría de los problemas que se considerarán involucran tanto entradas como desembolsos, estos últimos se representan como flujos negativos de efectivo y las entradas como positivos. (Esta convención de signo se ignora sólo cuando no es posible que haya error alguno en la interpretación de los resultados finales, como sucede con las transacciones de una cuenta personal).

Por tanto, aunque las alternativas comprendan solamente desembolsos, o entradas y desembolsos, se aplican las siguientes guías para seleccionar una alternativa utilizando la medida de valor del valor presente:

Una alternativa. Si VP >= 0, la tasa de retorno solicitada es lograda o excedida y la alternativa es financieramente viable.

Dos alternativas o más. Cuando sólo puede escogerse una alternativa (las alternativas son mutuamente excluyentes), se *debe seleccionar aquélla con el valor VP que sea mayor en términos numéricos,* es decir, menos negativo o más positivo, indicando un VP de costos más bajo o VP más alto de un flujo de efectivo neto de entradas y desembolsos.

En lo sucesivo se utiliza el símbolo VP, en lugar de *P,* para indicar la cantidad del valor presente de una alternativa. El ejemplo que sigue ilustra una comparación en valor presente.

Ejemplo:

Haga una comparación del valor presente de las máquinas de servicio igual para las cuales se muestran los costos a continuación. Suponga que i = 10% anual

	Máquina A	Máquina B
Costo Inicial	2,500.00	3,500.00
Costo Anual de Operación (CAO)	900.00	700.00
Valor de Salvamento o de Rescate (VS)	200.00	350.00
Vida Útil (años)	5	5

El diagrama de flujo de efectivo se le deja al lector. El VP de cada máquina se calcula de la siguiente forma:

$$VP_A = -2500 - 900(P/A, 10\%, 5) + 200(P/F, 10\%, 5) = -\$5,788$$

$$VP_B = -3500 - 700(P/A, 10\%, 5) + 350(P/F, 10\%, 5) = -\$5,936$$

Se selecciona la Máquina A porque tiene el VP menor.

Nota: Obsérvese que el valor de rescate o de salvamento se pone con signo más (+) porque es una entrada de dinero.

6.2 COMPARACIÓN EN VALOR PRESENTE DE ALTERNATIVAS CON VIDAS DIFERENTES

Cuando se utiliza el método de valor presente para comparar alternativas mutuamente excluyentes que tienen vidas diferentes, se sigue el procedimiento de la sección anterior con una excepción: *LLU alternativas deben compararse durante el mismo número de años*. Esto es necesario pues, por definición, una comparación comprende el cálculo del valor presente equivalente de todos los flujos de efectivo futuros para cada alternativa.

Una comparación justa puede realizarse sólo cuando los valores presentes representan los costos y las entradas asociadas con un servicio igual, como se describió en la sección anterior. La imposibilidad de comparar un servicio igual siempre favorecerá la alternativa de vida más corta (para costos), aun si ésta no fuera la más económica, ya que hay menos periodos de costos involucrados. El requerimiento de servicio igual puede satisfacerse mediante dos enfoques:

1. Comparar las alternativas durante un periodo de tiempo igual al *mínimo común múltiplo (MCM)* de sus vidas.

2. Comparar las alternativas utilizando un *periodo de estudio de longitud* n *años*, que no necesariamente considera las vidas de las alternativas. Éste se denomina el *enfoque de horizonte de planeación*.

Para el enfoque MCM, se logra un servicio igual comparando el mínimo común múltiplo de las vidas entre las alternativas, lo cual hace que automáticamente sus flujos de efectivo se extiendan al mismo periodo de tiempo.

Es decir, se supone que el flujo de efectivo para un "ciclo" de una alternativa debe duplicarse por el mínimo común múltiplo de los años en términos de dólares de valor constante.

Entonces, el servicio se compara durante la misma vida total para cada alternativa. Por ejemplo, si se desean comparar alternativas que tienen vidas de 3 años y 2 años, respectivamente, las alternativas son evaluadas durante un periodo de 6 años. Es importante recordar que cuando una alternativa tiene un valor de salvamento terminal positivo o negativo, éste también debe incluirse y aparecer como un ingreso (un costo) en el diagrama de flujo de efectivo en cada ciclo de vida.

Es obvio que un procedimiento como ése requiere que se planteen algunos supuestos sobre las alternativas en sus ciclos de vida posteriores. De manera específica, estos supuestos son:

- Las alternativas bajo consideración serán requeridas para el mínimo común múltiplo de años 0 más.

- Los costos respectivos de las alternativas en todos los ciclos de vida posteriores serán los mismos que en el primero.

Aunque el análisis del horizonte de planeación puede ser relativamente directo y más realista para muchas situaciones del mundo real, también se utiliza el método del MCM en los ejemplos y problemas para reforzar la comprensión de servicio igual.

Ejemplo:

El ingeniero de un proyecto de excavaciones tiene dos alternativas para escoger una excavadora en base a los datos que se detallan a continuación

	Excavadora A	Excavadora B
Costo Inicial	11,000.00	18,000.00
Costo Anual de Operación (CAO)	3,500.00	3,100.00
Valor de Salvamento o de Rescate (VS)	1,000.00	2,000.00
Vida Útil (años)	6	9

Determine cuál Ud. Elegiría utilizando una tasa de interés del 15% anual

Solución:

Puesto que las máquinas tienen vidas diferentes, las mismas deben compararse con su MCM que es 18 años. Tal como se expresa en el flujo de efectivo siguiente:

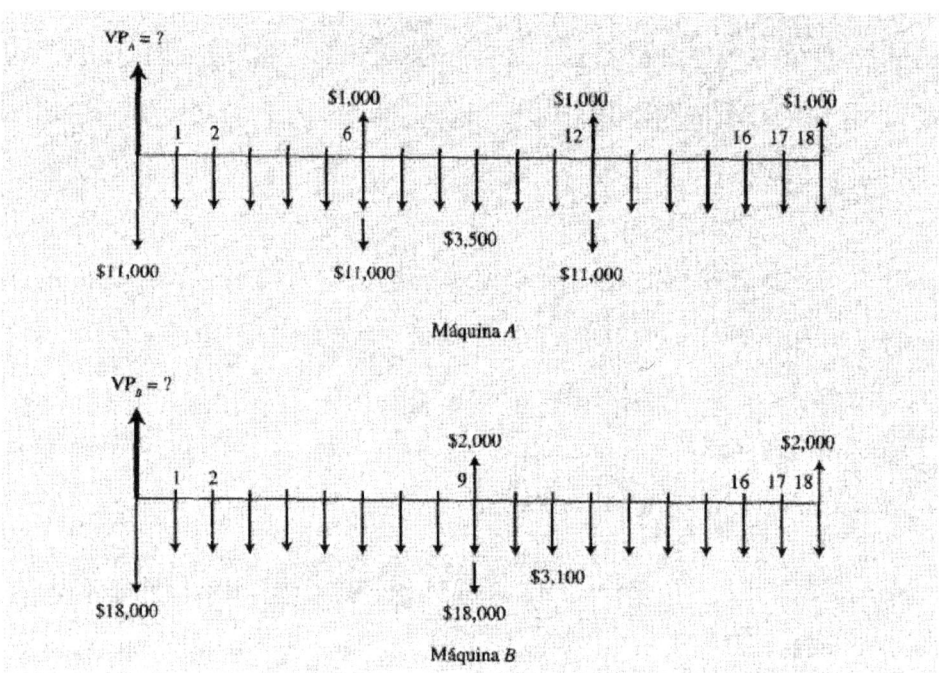

VP_A = -11,000 - 11,000(P/F,15%,6) - 11,000(P/F,15%,12) + 1,000(P/F,15%,18) - 3,500(P/A,15%,18)

VP_A = -$38,559

VP_B = -18,000 - 18000(P/F,15%,9) + 2000(P/F,15%,9) + 2,000(P/F,15%,18) - 3,100(P/A,15%,9)

VP_B = -$41,384

**Entonces, seleccionamos la Excavadora A,
ya que Cuesta menos en términos de VP que la Excavadora B**

6.3 COSTO DE CICLO DE VIDA

El término costo de *ciclo* de *vida (CCV)* se interpreta para significar el total de toda estimación de costos considerada posible para un sistema con una larga vida, que va desde la fase de diseño, hasta las fases de manufactura y de uso en el campo, para pasar a la fase de desperdicios, seguida por el remplazo con un sistema nuevo, más avanzado.

El CCV incluye todos los costos calculados de servicio estimado, reposición de partes, mejoramiento, desperdicios y los costos anticipados de reciclaje. En general, se aplica a proyectos que requerirán tiempo de investigación y desarrollo para diseñar y probar un producto o un sistema con el cual se pretende realizar una labor específica.

Las grandes corporaciones contratistas aplican la técnica de análisis CCV a los sistemas patrocinados por el gobierno, en especial los proyectos relacionados con la defensa. Para algunos sistemas, el costo total durante la vida del sistema es de muchos múltiplos del costo inicial.

El concepto CCV es de igual importancia para los sistemas más pequeños, por ejemplo, un automóvil donde el fabricante y una serie de propietarios experimentan muchos costos adicionales a los costos de diseño inicial, manufactura y compra a medida que el auto recibe mantenimiento, es reparado y finalmente se dispone de éste.

En general, los costos totales anticipados de una alternativa se estiman utilizando categorías grandes de costos tales como:

Costos de investigación y desarrollo. Son todos los gastos para diseño, fabricación de prototipos, prueba, planeación de manufactura, servicios de ingeniería, ingeniería de software, desarrollo de software y similares relacionados con un producto o servicio.

Costos de producción. La inversión necesaria para producir o adquirir el producto, incluyendo los gastos para emplear y entrenar al personal, transportar sub ensambles y el producto final, construir nuevas instalaciones y adquirir equipo.

Costos de operación y apoyo. Todos los costos en los que se incurre para operar, mantener, inventariar y manejar el producto durante toda su vida anticipada. Éstos pueden incluir costos de adaptación periódica y costos promedio si el sistema requiere recoger mercancía o efectuar reparaciones importantes en servicio, con base en experiencias de costos para otros sistemas ya desarrollados.

El análisis CCV se completa al aplicarse los cálculos de valor presente, utilizando el factor *P/F* a fin de descontar los costos en cada categoría al momento en que se realiza el análisis.

La diferencia principal entre el análisis CCV y los análisis realizados hasta ahora es el alcance del esfuerzo para incluir todos los tipos de costos sobre el futuro a largo plazo del sistema. También, el análisis CCV es de gran utilidad cuando se realiza para sistemas con vida relativamente larga, por ejemplo 15 a 30 años, como los sistemas de radar, de aviones y de armas y los sistemas de manufactura avanzada.

Los proyectos del sector público pueden evaluarse utilizando el enfoque CCV, pero debido a la dificultad en estimar los beneficios, los ingresos y los costos de los contribuyentes, la TMAR y otros factores en los que se arriesgan vidas humanas y de bienestar, los proyectos del sector público son evaluados más comúnmente mediante el análisis de Beneficio/Costo

El enfoque de evaluación CCV consiste en determinar el costo de cada alternativa durante toda su vida y seleccionar aquél con el CCV mínimo. En realidad, un análisis VP y su comparación con todos los costos definibles estimados durante la vida de cada alternativa es igual al análisis CCV.

6.4 CÁLCULOS DEL COSTO CAPITALIZADO

El *costo capitalizado* (CC) se refiere al valor presente de un proyecto cuya vida útil se supone durará para siempre. Algunos proyectos de obras públicas tales como diques, sistemas de irrigación y ferrocarriles se encuentran dentro de esta categoría. Además, las dotaciones permanentes de universidades o de organizaciones de caridad se evalúan utilizando métodos de costo capitalizado. En general, el procedimiento seguido al calcular el costo capitalizado de una secuencia infinita de flujos de efectivo es la siguiente:

1. Trace un diagrama de flujo de efectivo que muestre todos los costos (y/o ingresos) no recurrentes (una vez) y por lo menos dos ciclos de todos los costos y entradas recurrentes (periódicas).

2. Encuentre el valor presente de todas las cantidades no recurrentes.

3. Encuentre el valor anual uniforme equivalente (VA) durante un ciclo de vida de todas las cantidades recurrentes y agregue esto a todas las demás cantidades uniformes que ocurren en los años 1 hasta infinito, lo cual genera un valor anual uniforme equivalente total (VA).

4. Divida el VA obtenido en el paso 3 mediante la tasa de interés i para lograr el costo capitalizado.

5. Agregue el valor obtenido en el paso 2 al valor logrado en el paso 4. El propósito de empezar la solución trazando un diagrama de flujo de efectivo debe ser evidente, a partir de los capítulos anteriores. Sin embargo, el diagrama de flujo de efectivo es probablemente más importante en los cálculos CC que en cualquier otra parte, porque éste facilita la diferenciación entre las cantidades no recurrentes y las recurrentes (periódicas).

Dado que el costo capitalizado es otro término para el valor presente de una secuencia de flujo de efectivo perpetuo, se determina el valor presente de todas las cantidades no recurrentes (paso 2).

En el paso 3 se calcula el VA (llamado *A* anteriormente) de todas las cantidades anuales recurrentes y uniformes. Luego, el paso 4, que es en efecto *AL*, determina el valor presente (costo capitalizado) de la serie anual perpetua utilizando la ecuación:

$$\text{Costo capitalizado} = \frac{VA}{i} \quad \text{o} \quad VP = \frac{VA}{i}$$

6.5 COMPARACIÓN DE DOS ALTERNATIVAS SEGÚN EL COSTO CAPITALIZADO

Cuando se comparan dos o más alternativas con base en su costo capitalizado, se sigue el procedimiento de la sección anterior para cada alternativa. Comoquiera que el costo capitalizado representa el costo total presente de financiar y mantener una alternativa dada para siempre, las alternativas serán comparadas automáticamente durante el mismo número de años (es decir, infinito). La alternativa con el menor costo capitalizado representará la más económica.

Al igual que en el método de valor presente y en todos los demás métodos de evaluación alternativos, para propósitos comparativos sólo deben considerarse las diferencias en el flujo de efectivo entre las alternativas. Por consiguiente, siempre que sea posible, los cálculos deben simplificarse eliminando los elementos del flujo de efectivo que son comunes a ambas alternativas.

Se necesitarían valores de costo capitalizado verdaderos, por ejemplo, cuando se desea conocer las obligaciones financieras reales o verdaderas asociadas con una alternativa dada.

Tema No. 7: ANALISIS DE VALOR ANUAL

Valores anuales para uno ó más ciclos de vida. VA por el método del fondo de amortización. VA mediante el método del valor presente. VA mediante el método de recuperación de capital más interés. Comparación de alternativas mediante el valor anual. VA de una inversión permanente

7.1 EL VALOR ANUAL PARA UN CICLO DE VIDA 0 MÁS DE UNO

El método VA se utiliza comúnmente para comparar alternativas. El VA significa que todos los ingresos y desembolsos (irregulares y uniformes) son convertidos en una cantidad anual uniforme equivalente (fin de periodo), que es la *misma* cada *periodo*.

La ventaja principal de este método sobre todos los demás radica en que éste no requiere hacer la comparación sobre el mínimo común múltiplo (MCM) de los años cuando las alternativas tienen vidas diferentes. Es decir, el valor VA de la alternativa se calcula para *un ciclo de vida solamente.* ¿Por qué? Porque, como su nombre lo implica, el VA es un valor anual equivalente sobre la vida del proyecto. Si el proyecto continúa durante más de un ciclo, se supone que el valor anual equivalente durante el siguiente ciclo y todos los ciclos posteriores es exactamente igual que para el primero, siempre y cuando todos los flujos de efectivo actuales sean los mismos para cada ciclo en dólares de valor constante.

La condición repetible de la serie anual uniforme a través de diversos ciclos de vida puede demostrarse considerando el diagrama de flujo de efectivo en la figura más abajo, que representa dos ciclos de vida de un activo con un costo inicial de $20,000, un costo de operación anual de $8000 y una vida a 3 años.

El VA para un ciclo de una vida (es decir 3 años) se calculará de la siguiente manera:

VA = -20,000(AF',22%,3) – 8000 = $-17,793

El valor VA para el primer ciclo de vida es exactamente el mismo que para los dos ciclos de vida. Este mismo VA será obtenido cuando tres, cuatro o cualquier otro número de ciclos de vida son evaluados.

Por tanto, el VA para un ciclo de vida de una alternativa representa el valor anual uniforme equivalente de esa alternativa *cada vez que el ciclo se repite.*

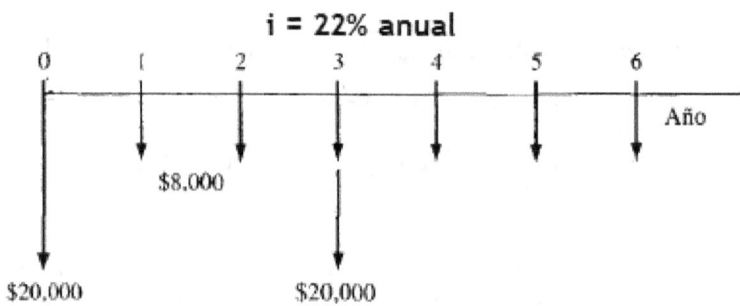

Cuando la información disponible indica que los flujos de efectivo estimados no serán los mismos en los ciclos de vida siguientes (o más específicamente, que ellos cambiarán por efecto de una cantidad diferente de la tasa de inflación o deflación esperada), entonces se elige un periodo de estudio o un horizonte de planeación, cuya forma de uso se analiza más adelante.

En este texto, a menos que se especifique de otra forma, se supone que todos los costos futuros cambiarán con exactitud de acuerdo con la tasa de inflación o deflación para esa época.

7.2 VA MEDIANTE EL MÉTODO DEL FONDO DE AMORTIZACIÓN DE SALVAMENTO

Cuando un activo tiene un valor de salvamento terminal (VS), hay muchas formas de calcular el VA. Esta sección presenta el método del fondo de amortización de salvamento, probablemente el método más simple de los tres métodos analizados en este capítulo, y el que por lo general se utiliza en este texto. En el método del fondo de amortización de salvamento, el costo inicial P se convierte primero en una cantidad anual uniforme equivalente utilizando el factor MI.

Dado, normalmente, su carácter de flujo de efectivo positivo, después de su conversión a una cantidad uniforme equivalente a través del factor *A/F*, el valor de salvamento se agrega al equivalente anual del costo inicial. Estos cálculos pueden estar representados por la ecuación general:

$$VA = -P(A/P,i,n) + VS(A/F,I,n)$$

Naturalmente, si la alternativa tiene cualquier otro flujo de efectivo, éste debe ser incluido en el cálculo completo de VA. Lo cual se ilustra en el ejemplo siguiente:

Ejemplo:

Calcule el VA de un aditamento de tractor que tiene un costo inicial de $8,000 y un valor de rescate o salvamento de $500 luego de 8 años. Los costos de operación anuales se han estimado en $900 y se aplicará una tasa de interés del 20% anual

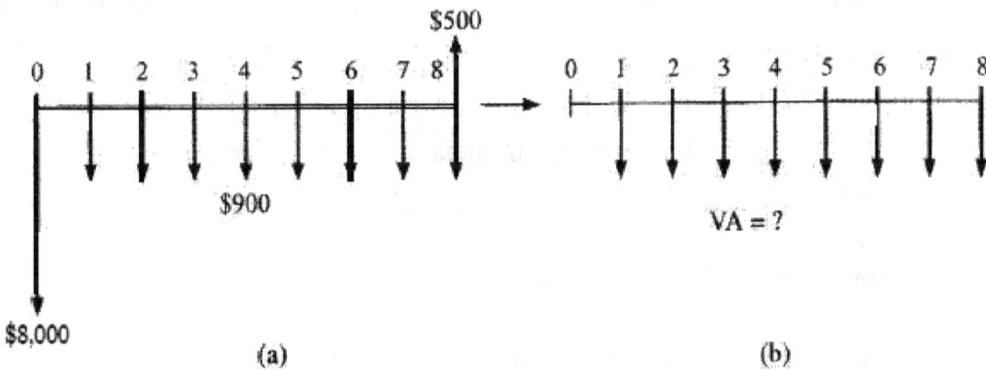

(a) Diagrama para costos de la máquina y (b) conversión a un VA.

El diagrama de flujo de efectivo de la página anterior indica que:

$VA = A_1 + A_2$

Donde A_1 = Costo anual de la inversión inicial con un valor de rescate considerado

$A_1 = -8,000(A/P,20\%,8) + 500(A/F,20\%,8) = -\$2,055$

A_2 = Costo anual de operación = -$900

Entonces VA = -2,055 + (- 900) = -$2,955

Comentarios:

Comoquiera que el costo de operación ya está expresado como un costo anual para la vida del activo no es necesaria una conversión.

La simplicidad del método del fondo de amortización de salvamento debe ser obvia en los cálculos directos mostrados en el ejemplo.

Los pasos pueden resumirse de la siguiente manera *utilizando los signos correctos del flujo de efectivo:*

1. Anualizar el costo de inversión inicial durante la vida del activo por medio del factor A/P

2. Anualizar el valor de salvamento mediante el factor A/F.

3. Combinar el valor de salvamento anualizado con el costo de inversión anualizado.

4. Combinar las cantidades anuales uniformes con el valor del paso 3.

5. Convertir cualquier otro flujo de efectivo en valores anuales uniformes equivalentes y combinarlos con el valor obtenido en el paso 4.

7.3 VA MEDIANTE EL MÉTODO DE VALOR PRESENTE DE SALVAMENTO

El método de valor presente también convierte las inversiones y valores de salvamento en un VA. El valor presente de salvamento se retira del costo de inversión inicial y la diferencia resultante es anualizada con el factor *A/P* durante la vida del activo. La ecuación general es:

$$VA = [-P + VS(P/F,i,n)](A/P,i,n)$$

Los pasos para determinar el VA del activo completo son:

1. Calcular el valor presente del valor de salvamento mediante el factor *P/F*.
2. Combinar el valor obtenido en el paso 1 con el costo de inversión *P*.
3. Anualizar la diferencia resultante durante la vida del activo utilizando el factor A/P
4. Combinar cualquier valor anual uniforme con el valor del paso 3.
5. Convertir cualquier otro flujo de efectivo en un valor anual uniforme equivalente y combinar con el valor obtenido en el paso 4.

Ejemplo:

Calcule el VA del aditamento del ejemplo anterior utilizando el método de valor presente de salvamento

VA = [-800 + 500(P/F,20%,8)](A/P,20%,8) − 900

$$VA = -\$2,955$$

7.4 VA MEDIANTE EL MÉTODO DE RECUPERACIÓN DE CAPITAL MÁS INTERÉS

El procedimiento final presentado para calcular el VA de un activo que tiene un valor de salvamento es el método de recuperación de capital más interés. La ecuación general para este método es:

$$VA = -(P - VS)(A/P, i, n) - VS(i)$$

Al restar el valor de salvamento del costo de inversión, es decir, *P - VS, antes de* multiplicar por el factor *MP*, se reconoce que el valor de salvamento será recuperado.

Sin embargo, el hecho de que dicho valor no sea recuperado durante n años se tiene en cuenta cargando el interés perdido, VS(i), durante la vida del activo. Si este término no se incluye se está suponiendo que el valor de salvamento fue obtenido en el año 0 en lugar del año 1.

Los pasos que deben seguirse en este método son:

1. Reducir el costo inicial por la cantidad de valor de salvamento.
2. Anualizar el valor en el paso 1 utilizando el factor *A/P*.
3. Multiplicar el valor de salvamento por la tasa de interés.
4. Combinar los valores obtenidos en los pasos 2 y 3.
5. Combinar cualesquiera cantidades anuales uniformes.
6. Convertir todos los demás flujos de efectivo en cantidades uniformes equivalentes y combinarlas con el valor del paso 5.

Ejemplo:

Repetir el ejemplo anterior mediante el método de recuperación de capital más interés

VA = -(8,000 – 500)(A/P,20%,8) – 500(0.20) – 900

$$VA = -\$2,955$$

Aunque no hay diferencia sobre cuál método es utilizado para calcular el VA, es buena práctica emplear consistentemente un método, evitando así los errores causados por la mezcla de técnicas.

En general se utilizará el método del fondo de amortización de salvamento

7.5 COMPARACIÓN DE ALTERNATIVAS MEDIANTE EL VALOR ANUAL

Entre las técnicas de evaluación presentadas en este libro, el método de valor anual para comparar alternativas es probablemente el más simple de realizar.

La alternativa seleccionada tiene el costo equivalente más bajo o el ingreso equivalente más alto, si se incluyen los recaudos.

Como se analizó anteriormente, en las decisiones de selección que se toman en el mundo real, siempre se considera información no cuantificable pero, en general, se selecciona la alternativa que tiene el valor neto más alto.

Tal vez la regla más importante de recordar al hacer las comparaciones VA es la que plantea que *sólo debe considerarse un ciclo de vida* de cada alternativa, lo cual se debe a que el VA será el mismo para cualquier número de ciclos de vida que para uno.

Dicho procedimiento está sujeto, ciertamente, a los supuestos implícitos en este método. Tales supuestos son similares a aquellos aplicables a un análisis de valor presente con el MCM sobre las vidas; a saber,

1) se necesitarán alternativas para su MCM de años, o, de no ser así, el valor anual será el mismo para cualquier fracción del ciclo de vida del activo que para el ciclo completo y

2) los flujos de efectivo en ciclos de vida posteriores cambiarán por efecto de la tasa de inflación o deflación.

Cuando la información disponible indica que uno u otro de estos supuestos puede no ser válido, se sigue el enfoque de horizonte de planeación.

Es decir, los desembolsos e ingresos que en realidad se espera que ocurran durante algún periodo de estudio especificado, es decir, el horizonte de planeación, deben ser identificados y convertidos a valores anuales.

Ejemplo:

Los siguientes costos han sido estimados para dos máquinas de pelar tomates que prestan el mismo servicio, las cuales serán evaluadas por un gerente de una planta envasadora.

	Máquina A	Máquina B
Costo inicial	26,000	36,000
Costo de mantenimiento anual	800	300
Costo de mano de obra anual	11,000	7,000
Impuestos sobre la renta anuales extra		2,600
Valor de salvamento	2,000	3,000
Vida, años	6	10

Si la tasa de retorno mínima requerida es 15% anual, ¿cuál máquina debe seleccionar al gerente?

$VA_A = -26{,}000(A/P,15\%,6) + 2{,}000(A/F,15\%,6) - 11{,}800 = -\$18{,}442$

$VA_B = -36{,}000(A/P,15\%,10) + 3{,}000(A/F,15\%,10) - 9{,}900 = \$46{,}925$

Se escoge la Máquina B porque su VA de los costos es menor

7.6 VA DE UNA INVERSIÓN PERMANENTE

Esta sección analiza el valor anual equivalente del costo capitalizado introducido anteriormente. La evaluación de proyectos de control de inundaciones, canales de irrigación, puentes u otros proyectos de gran escala, requiere la comparación de alternativas cuyas vidas son tan largas que pueden ser consideradas infinitas en términos de análisis económico.

Para este tipo de análisis, es importante reconocer que el valor anual de la inversión inicial es igual simplemente al interés anual ganado sobre la inversión de cantidad global, como lo expresa la siguiente ecuación

$$A = Pi.$$

Los flujos de efectivo que son recurrentes en intervalos regulares o irregulares se manejan exactamente igual que en los cálculos VA convencionales; es decir, son convertidos a cantidades anuales uniformes equivalentes durante un ciclo, lo cual de manera automática las anualiza para cada ciclo de vida posterior, como se analizó anteriormente.

Tema No. 8: COMPARACION DE TASAS RENDIMIENTOS

Tasa Mínima Atractiva de Retorno (TMAR). Tasa Interna de Retorno (TIR)

8.1 RELACIÓN ENTRE COSTO DEL CAPITAL Y TMAR

Para determinar una TMAR realista, el costo de cada tipo de financiamiento de capital se calcula inicialmente en forma separada y luego la porción de la fuente de deuda y la de patrimonio se ponderan con el fin de estimar la tasa de interés promedio pagada por el capital de inversión disponible. Este porcentaje se denomina *costo del capital*. La TMAR se iguala después a este costo y algunas veces se establece por encima dependiendo del riesgo percibido inherente al área donde el capital puede ser invertido, la *salud Financiera* de la corporación y muchos otros factores activos al determinar una TMAR.

De no establecer una TMAR específica como guía mediante la cual las alternativas se aceptan o se rechazan, se programa efectivamente una TMAR *de facto* mediante estimaciones del flujo de efectivo neto del proyecto y límites sobre los fondos de capital, sobre elaboración del presupuesto de gastos de capital. Es decir, la TMAR es, en realidad, el costo de oportunidad.

La **financiación con deuda** representa la obtención de préstamos por fuera de los recursos de la compañía, debiendo pagar el principal a una tasa de interés determinada de acuerdo con una programación de tiempo fijada. La financiación con deuda incluye el endeudamiento mediante *bonos, préstamos e hipotecas*

La **financiación con patrimonio** representa el uso del dinero corporativo conformado por los fondos de los propietarios y las ganancias conservadas. Los fondos de los propietarios se clasifican como recaudos de ventas de acciones comunes y preferenciales en el caso de una corporación pública o capital de los propietarios en el caso de una compañía privada (que no emite acciones)

8.2 MEZCLA DEUDA-PATRIMONIO Y COSTO PROMEDIO PONDERADO DE CAPITAL

La *mezcla deuda-patrimonio (D-P)* identifica los porcentajes de financiamiento con deuda y con patrimonio para una corporación.

Una compañía con una mezcla 40-60 D-P tiene el 40% de su capital originado en fuentes de capital de deuda (bonos, préstamos e hipotecas) y el 60% derivado de fuentes de patrimonio (acciones y ganancias conservadas).

La mayoría de los proyectos obtiene los fondos a partir de la combinación de capital de deuda y de patrimonio dispuesto específicamente para el proyecto u obtenido a partir de un *grupo de capital* corporativo.

El *costo promedio ponderado de capital (CPPC)* del grupo se estima mediante fracciones relativas (o porcentajes) de las fuentes de deuda y de patrimonio.

Si se conocen las fracciones en forma exacta, se utilizan para estimar el CPPC; de otra forma se utilizan fracciones históricas para cada fuente en la relación:

CPPC = (fracción de patrimonio)(costo del capital patrimonial) +
      (fracción de deuda)(costo del capital de deuda)

Los dos términos de costo están expresados como tasas de interés porcentuales

El valor CPPC puede calcularse utilizando valores antes o después de impuestos para el costo del capital; sin embargo, el uso del método después de impuestos es el correcto, ya que el financiamiento con deuda tiene una clara ventaja tributaria

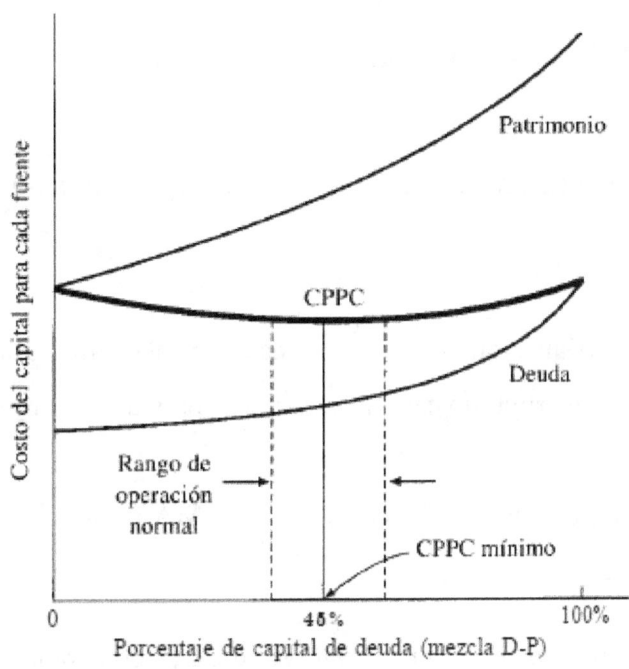

Se requiere conocimiento y confianza en las capacidades. de una gerencia y conocimiento de los proyectos actuales, para determinar un rango de operación razonable para la mezcla D-P de una empresa particular.

8.3 COSTO DEL CAPITAL DE DEUDA

El financiamiento con deuda incluye la obtención de fondos mediante bonos, préstamos e hipotecas.

El dividendo o interés pagado es deducible de impuestos, de manera que éste reduce el ingreso gravable y, por consiguiente, reduce los impuestos.

Las estimaciones del flujo de efectivo neto anual (FEN) después de impuestos se utilizan para estimar el valor de i*, que es el costo del capital de deuda.

8.4 VARIACIONES EN TMAR

Como se mencionó anteriormente, la TMAR se determina en términos relativos al costo del capital.

Sin embargo, la determinación de TMAR no es un proceso muy exacto, ya que la mezcla de capital de deuda y patrimonio cambia con el tiempo y de un proyecto a otro.

Aun, en todos los casos debe establecerse alguna TMAR para compararla con la TIR de proyectos estimados.

La TMAR varía de un proyecto a otro y a través del tiempo debido a factores tales como los siguientes:

- **Riesgo del proyecto.** Donde hay más riesgo (percibido o real) asociado con una área de proyectos propuestos, la tendencia es fijar una TMAR más alta. Esta es estimulada por el alto costo del capital de deuda comúnmente experimentado al obtener préstamos para proyectos considerados de alto riesgo, lo cual en general, significa que hay preocupación porque el proyecto de inversión no pueda realizar por completo sus requisitos de ingresos proyectados.

- **Oportunidad de inversión.** Si la gerencia ha decidido diversificar o invertir en cierta área, la TMAR puede reducirse para estimular la inversión con la esperanza de recuperar el ingreso o utilidad perdidos en otras áreas. Esta reacción común a la oportunidad de inversión puede crear gran confusión cuando los parámetros desarrollados en textos como éste son aplicados estrictamente en un estudio de economía. La flexibilidad resulta muy importante.

- **Estructura tributaria.** Si los impuestos corporativos están aumentando (debido a mayores utilidades, ganancias de capital, impuestos locales, etc.), hay presión para aumentar la TMAR.

    El uso de un análisis después de impuestos puede ayudar a eliminar esta razón para una TMAR fluctuante, puesto que los gastos que acompañan el negocio tenderán a reducir los impuestos y, por consiguiente, a reducir los costos después de impuestos.

- **Capital limitado.** A medida que el capital de deuda y de patrimonio se limitan, la TMAR aumenta y la gerencia empieza a mirar de cerca la vida del proyecto. A medida que la demanda por capital limitado excede la oferta (elaboración del presupuesto de gastos de capital), es posible que la TMAR tienda a ser fijada a un nivel más alto.

    El costo de oportunidad juega un gran papel al determinar la TMAR realmente utilizada para tomar decisiones de aceptación y de rechazo.

- **Tasas del mercado en otras corporaciones.** Si las tasas aumentan en otras firmas con las cuales se hacen comparaciones, una compañía puede aumentar su TMAR en respuesta.

    Con frecuencia, estas variaciones están basadas en cambios en las tasas de interés del mercado, que ocasionan un impacto directo sobre el costo del capital.

    Si se considera al gobierno como una 'corporación', una norma usual son las tasas actuales cobradas por el Gobierno del país.

8.5 GENERALIDADES SOBRE LA TASA INTERNA DE RETORNO Y SU CÁLCULO

Si el dinero se obtiene en préstamo, la tasa de interés se aplica al saldo NO pagado (insoluto) de manera que la cantidad y el interés total del préstamo se pagan en su totalidad con el último pago del préstamo.

Desde la perspectiva del prestamista o inversionista, el dinero se presta o se invierte, hay un *saldo no recuperado* en cada periodo de tiempo.

La tasa de interés es el retorno sobre este saldo no recuperado, de manera que la cantidad total y el interés se recuperan en forma exacta con el último pago o entrada. La tasa Interna de retorno define estas dos situaciones.

Tasa Interna de retorno (TIR) es la tasa de interés pagada sobre el saldo no pagado de dinero obtenido en préstamo, o la tasa de interés ganada sobre el saldo no recuperado de una inversión, de manera que el pago o entrada final iguala exactamente a cero el saldo con el interés considerado.

La tasa interna de retorno está expresada como un porcentaje por periodo, por ejemplo, $i = 10\%$ anual. Ésta se expresa como un porcentaje positivo; es decir, no se considera el hecho de que el interés pagado en un préstamo sea en realidad una tasa de retorno negativa desde la perspectiva del prestamista.

El valor numérico de i puede moverse en un rango entre -100% hasta infinito, es decir: **$-100\% < i < \infty$**. En términos de una inversión, un retorno de $i = -100\%$ significa que se ha perdido la cantidad completa.

La definición anterior no establece que la tasa de retorno sea sobre la cantidad inicial de la inversión, sino más bien sobre el saldo *no recuperado,* el cual varía con el tiempo. El siguiente ejemplo ilustra la diferencia entre estos dos conceptos.

Ejemplo:

Para i= 10% anual, se espera que una inversión de $1,000 produzca un flujo de efectivo neto de $335.47 para cada uno de 4 años.

$$A = \$1,000(A/P,10\%,4) = \$315.47$$

Esto representa una tasa de retorno del 10% anual sobre el saldo no recuperado. Calcule la cantidad de la inversión no recuperada para cada uno de los 4 años utilizando

   (a) la tasa de retorno sobre el saldo no recuperado y
   (b) la tasa de retorno sobre la inversión inicial de $1,000,

Solución:

(a) La tabla 8.1 presenta fas cifras del saldo no recuperado para cada año utilizando la tasa del 10% sobre el saldo no recuperado a principios del año.

Después de 4 años, la inversión total de $1,000 se recupera y el saldo en la columna 6 es exactamente cero.

(b) La tabla 8.2 muestra las cifras del saldo no recuperado si el retorno del 10% se calcula siempre sobre la inversión inicial de $1,000.

La columna 6 en el año 4 muestra la cantidad no recuperada restante de $138.12, porque en los 4 años solamente se recuperan $861.88 (columna 5).

(1)	(2)	(3) = 0.10(2)	(4)	(5)=(4)-(3)	(6)=(2)+(5)
Año	Saldo Inicial no recuperado	Interés sobre saldo no recuperado	Flujo de efectivo	Cantidad recuperada	Saldo final no recuperado
0			-$1,000.00		-$1,000.00
1	-$1,000.00	$100.00	315.47	215.47	-784.53
2	784.53	78.45	315.47	237.02	-547.51
3	547.51	54.75	315.47	260.72	-286.79
4	286.79	28.68	315.47	286.79	0
		$261.88		$1,000.00	

Tabla 8.1 Saldos no recuperados utilizando una tasa de retorno del 10%

(1)	(2)	(3) = 0.10(2)	(4)	(5)=(4)-(3)	(6)=(2)+(5)
Año	Saldo Inicial no recuperado	Interés sobre saldo no recuperado	Flujo de efectivo	Cantidad recuperada	Saldo final no recuperado
0			-$1,000.00		-$1,000.00
1	-$1,000.00	$100.00	315.47	215.47	-784.53
2	784.53	100.00	315.47	215.47	-569.06
3	569.06	100.00	315.47	215.47	-353.59
4	353.59	100.00	315.47	215.47	-138.12
		$400.00		$861.88	

Tabla 8.2 Saldos no recuperados utilizando un retorno del 10% sobre inversión inicial

8.6 CÁLCULOS DE LA TASA DE RETORNO UTILIZANDO UNA ECUACIÓN DE VALOR PRESENTE

En capítulos anteriores, el método para calcular la tasa de retorno sobre una inversión fue ilustrado cuando solamente había un factor de ingeniería económica involucrado. En esta sección, una ecuación de valor presente es la base para calcular la tasa de retorno sobre una inversión cuando hay diversos factores involucrados.

Para entender con mayor claridad los cálculos de la tasa de retorno, recuerde que la base para los cálculos de la ingeniería económica es la equivalencia, o el valor del dinero en tiempo.

En capítulos anteriores se demostró que una cantidad presente de dinero es equivalente a una cantidad más alta a una fecha futura, siempre que la tasa de interés sea mayor que cero.

En los cálculos de la tasa de retorno, el objetivo es encontrar la tasa de interés i* a la cual la cantidad presente y la cantidad futura son equivalentes.

Los cálculos hechos aquí son contrarios a los cálculos realizados en capítulos anteriores, donde la tasa de interés i era conocida.

La columna vertebral del método de la tasa de retorno es la relación TIR. Por ejemplo, si alguien deposita $1000 ahora y le prometen un pago de $500 dentro de tres años y otro de $1500 en cinco años a partir de ahora, la relación de la tasa de retorno utilizando VP es:

$$1000 = 500(P/F,i\%,3) + 1500(P/F,i\%,5)$$

Donde debe calcularse el valor de i* para hacer que la igualdad esté correcta

$$\text{Despejando, } i = 16.9\%$$

8.7 CÁLCULOS DE TASA DE RETORNO UTILIZANDO UNA ECUACIÓN DE VALOR ANUAL

De la misma manera como i* puede encontrarse utilizando una ecuación VP, también puede determinarse mediante la forma VA.

Este método se prefiere, por ejemplo, cuando hay flujos de efectivo anuales uniformes involucrados. El procedimiento es el siguiente:

1. Dibuje un diagrama de flujo de efectivo.
2. Defina las relaciones para el VA de los desembolsos, VA,, y entradas, VA, con *i** como variable desconocida.
3. Defina la relación de la tasa de retorno en la forma de la ecuación 0 = -VA, + VA,.
4. Seleccione valores de i por ensayo y error hasta que la ecuación esté equilibrada. De ser necesario, interpole para determinar i*.

Por tanto, para los cálculos TR se puede escoger VP, VA, o cualquier otra ecuación de equivalencia. En general, es mejor acostumbrarse a utilizar uno solo de los métodos con el fin de evitar errores. Si i* se determina utilizando una hoja de cálculo, es muy probable que sea aproximada con los cálculos basados en VP y no en los basados en VA.

Tema No. 9: Beneficio/Costo

Clasificación de beneficios, costos y beneficios negativos. Cálculo de beneficios positivos, negativos y costos para un proyecto único. Selección de alternativas mediante el análisis beneficio / costo.

9.1 CLASIFICACIÓN DE BENEFICIOS, COSTOS Y BENEFICIOS NEGATIVOS

El método de selección de alternativas más comúnmente utilizado por las agencias gubernamentales, para analizar la deseabilidad de los proyectos de obras públicas es la razón beneficio/costo *(B/C)*.

Como su nombre lo sugiere, el método de análisis **B/C** está basado en la razón de los beneficios a los costos asociada con un proyecto particular.

Se considera que un proyecto es atractivo cuando los beneficios derivados de su implementación y reducidos por los beneficios negativos esperados exceden sus costos asociados. Por tanto, el primer paso en un análisis **B/C** es determinar cuáles de los elementos son beneficios positivos, negativos y costos.

Se pueden utilizar las siguientes descripciones que deben ser expresadas en términos monetarios:

> **Beneficios (B):** Ventajas experimentadas por el propietario.
> **Beneficios negativos (BN):** Desventajas para el propietario cuando el proyecto bajo consideración es implementado.
> **Costos (C):** Gastos anticipados por construcción, operación, mantenimiento, etc., menos cualquier valor de salvamento.

Dado que el análisis **B/C** es utilizado en los estudios de economía por los Gobiernos, piénsese en el *público como el propietario* que experimenta los beneficios positivos y negativos y en el *gobierno* como en quien incurre en los costos.

Por consiguiente, la determinación de si un renglón debe ser considerado un beneficio positivo o negativo o un costo, depende de *quién es afectado* por las consecuencias.

Debe señalarse que en las situaciones reales, generalmente deben hacerse juicios que están sujetos a interpretación en particular al determinarse los elementos del flujo de efectivo que deben incluirse en el análisis.

Por ejemplo, el mejoramiento en la condición del pavimento de una calle podría generar menos accidentes de tráfico, un beneficio obvio para el público. Sin embargo, menos accidentes y lesiones significan menos trabajo y dinero para las tiendas de reparación, compañías de grúas, distribuidoras de autos y hospitales, las cuales son también parte del "público" contribuyente.

Por tanto, si se toma el punto de vista más amplio, casi siempre los beneficios positivos compensarán con exactitud una cantidad igual de beneficios negativos.

En otros casos, no es fácil asignar un valor en dólares a cada beneficio positivo o negativo o costo involucrado.

9.2 CÁLCULO DE BENEFICIOS POSITIVOS Y NEGATIVOS Y DE COSTOS PARA UN PROYECTO ÚNICO

Antes de calcular una razón **B/C**, todos los beneficios positivos, negativos y costos identificados deben convertirse a unidades comunes en moneda.

La unidad puede ser un valor presente, valor anual o valor futuro equivalente, pero todos deben estar expresados en las mismas unidades.

Puede utilizarse cualquier método de cálculo (VP, VA o VF), siempre que se sigan los procedimientos aprendidos hasta ahora. Una vez que tanto el numerador (beneficios positivos y negativos) como el denominador (costos) están expresados en las mismas unidades, puede aplicarse cualquiera de las versiones siguientes de la razón **B/C**.

A menos que se especifique lo contrario, en este texto se aplica la *razón B/C convencional,* que es probablemente la de más amplia utilización. La razón convencional **B/C** se calcula de la siguiente manera

$$B/C = \frac{\text{beneficios positivos} - \text{beneficios negativos}}{\text{costos}} = \frac{B - BN}{c}$$

Una razón **B/C** mayor o igual que 1.0, indica que el proyecto evaluado es económicamente ventajoso. *En los análisis B/C, los costos no están precedidos por un signo menos.*

La *razón B/C modificada*, que está ganando adeptos, incluye los costos de mantenimiento y operación (M&O) en el numerador, tratándolos en una forma similar a los beneficios negativos. El denominador, entonces, incluye solamente el costo de inversión inicial. Una vez que todas las cantidades están expresadas en términos de VP, VA o VF, la razón *B/C* **modificada** se calcula como:

$$B/C \text{ modificada} = \frac{\text{beneficios positivos} - \text{beneficios negativos} - \text{costos M\&O}}{\text{inversión inicial}}$$

Como se consideró antes, cualquier valor de salvamento está incluido en el denominador como un costo negativo. Obviamente, la razón B/C modificada producirá un valor diferente que el arrojado por el método convencional B/C. Sin embargo, como sucede con los beneficios negativos, *el procedimiento modificado puede cambiar la magnitud de la razón pero no la decisión de aceptar o de rechazar.*

9.3 SELECCIÓN DE ALTERNATIVAS MEDIANTE EL ANÁLISIS BENEFICIO/COSTO

Al calcular la razón B/C mediante la primera ecuación para una alternativa dada, es importante reconocer que los beneficios y costos utilizados en el cálculo representan los *incrementos o diferencias* entre las dos alternativas. Éste será siempre el caso, puesto que algunas veces la alternativa de no hacer nada es aceptable.

Por tanto, cuando parece como si sólo una propuesta estuviera involucrada en el cálculo, tal como en el caso de si se debe o no construir un dique de control de inundaciones a fin de reducir el daño provocado por éstas, debe reconocerse que la propuesta de construcción se está comparando contra otra alternativa: la alternativa de no hacer nada.

Tema No. 10: Reposición, Inflación y Estimado Costos

¿Por qué se realizan los estudios de reposición?. Conceptos básicos del análisis de reposición. Análisis de reposición utilizando un periodo de estudio especificado. Enfoques del costo de oportunidad y del flujo de efectivo en el análisis de reposición. Vida de servicio económico. Terminología de inflación y cálculo del valor presente. Cálculo del valor futuro considerando la inflación. Cálculos de recuperación del capital y del fondo de amortización considerando la inflación.

10.1 POR QUÉ SE REALIZAN ESTUDIOS DE REPOSICIÓN

El estudio de reposición básico está diseñado para determinar si debe remplazarse un activo utilizado actualmente.

El término estudio de reposición se emplea también para identificar una diversidad de análisis económicos que comparan un activo poseído en la actualidad con su mejoramiento mediante características nuevas más avanzadas; con el mejoramiento mediante adaptación de equipo en uso; o con la complementación del equipo existente, de menor o mayor tamaño.

Aunque la reposición no esté planeada ni anticipada, se considera por una o varias razones entre muchas. Algunas de ellas son:

Menor desempeño. Debido al deterioro físico de las partes, el activo no tiene una capacidad de desempeño a un nivel esperado de *confiabilidad* (ser capaz de desempeñarse correctamente cuando se necesita) o de *productividad* (el desempeño a un nivel dado de calidad y de cantidad). En general, esta situación genera mayores costos de operación, de desecho y de adaptación, ventas perdidas y mayores gastos de mantenimiento.

Alteración de requisitos. Se han establecido nuevos requisitos de precisión, velocidad y otras especificaciones, que no pueden satisfacerse mediante el equipo o sistema existente. Con frecuencia, la selección está entre la reposición completa o su mejoramiento a través de la complementación o las adiciones.

Obsolescencia. La competencia internacional y la tecnología de automatización rápidamente cambiante, los computadores y las comunicaciones hacen que los sistemas y activos utilizados en la actualidad funcionen en forma aceptable pero menos productiva que el equipo que llega al mercado.

La reposición debida a la obsolescencia siempre es un desafío, pero la gerencia puede desear emprender un análisis formal para determinar si el equipo recién ofrecido puede forzar a la compañía a salir de los mercados actuales o a abrir nuevas áreas de mercado. El tiempo del ciclo de desarrollo, siempre en descenso para traer nuevos productos al mercado es, con frecuencia, la razón para los estudios de reposición prematuros, es decir, estudios realizados antes de haber completado la vida funcional o económica estimada.

10.2 CONCEPTOS BÁSICOS DEL ANÁLISIS DE REPOSICIÓN

En la mayoría de los estudios de ingeniería económica se comparan dos o más alternativas. En un estudio de reposición, uno de los activos, al cual se hace referencia como el *defensor;* es actualmente poseído (o está en uso) y las alternativas son uno o más *retadores.* Para el análisis se toma la *perspectiva (punto de vista) del asesor o persona externa;* es decir, se supone que en la actualidad no se posee ni se utiliza ningún activo y se debe escoger entre la(s) alternativa(s) del retador y la alternativa del defensor en uso.

Por consiguiente, para adquirir el defensor, se debe "invertir" el valor vigente en el mercado en este activo usado.

Dicho valor estimado de mercado o de intercambio se convierte en el costo inicial de la alternativa del defensor. Habrá nuevas estimaciones para la vida económica restante, el costo anual de operación (CAO) y el valor de salvamento del defensor.

Es probable que todos estos valores difieran de las estimaciones originales. Sin embargo, debido a la perspectiva del asesor, todas las estimaciones hechas y utilizadas anteriormente deben ser rechazadas en el análisis de reposición.

Ejemplo:

El Hotel Los Cocuyos, compró hace tres años una máquina para hacer hielo, de la más reciente tecnología, por $12,000 con una vida estimada de 10 años, un valor de salvamento del 20% del precio de compra y un CAO de $3000 anuales.

La depreciación ha reducido el costo inicial a su valor actual de $8000 en libros.

Un nuevo modelo, de $11,000, acaba de ser anunciado. El gerente del hotel estima la vida de la nueva máquina en 10 años, el valor de salvamento en $2000 y un CAO de $1800 anuales.

El vendedor ha ofrecido una cantidad de intercambio de *$7500* por el defensor de 3 años de uso.

Con base en experiencias con la máquina actual, las estimaciones revisadas son: vida restante, 3 años; valor de salvamento, $2000 y el mismo CAO de $3000.

Si se realiza el estudio de reposición, qué valores de *P, n*, VS y CAO son correctos para cada máquina de hielo?

Solución:

Desde la perspectiva del asesor, USE solamente las estimaciones más recientes.

Defensor	Retador
P = 7,500	P = 11,000
CAO = 3,000	CAO = 1,800
VS = 2,000	VS = 2,000
N = 3	*N* = 10

El costo original del defensor de $12,000, el valor de salvamento estimado de $2,400, los 7 años restantes de vida y el valor de $8,000 en libros no son relevantes para el análisis de reposición del defensor ***versus*** el retador.

Dado que el pasado es común a las alternativas, los costos pasados se consideran irrelevantes en un análisis de reposición. Esto incluye un costo NO *recuperable,* o cantidad de dinero invertida antes, que no puede recuperarse ahora o en el futuro.

Este hecho puede ocurrir debido a cambios en las condiciones económicas, tecnológicas o de otro tipo o a decisiones de negocios equivocadas.

Una persona puede experimentar un costo perdido cuando compra un artículo, por ejemplo, algún software y poco después descubre que éste no funcionaba como esperaba y no puede devolverlo.

El precio de compra es la cantidad del costo perdido.

En la industria, un costo no recuperable ocurre también cuando se considera la reposición de un activo y el valor del mercado real o de intercambio es menor que aquel predicho por el modelo de depreciación utilizado para cancelar la inversión de capital original o es menor que el valor de salvamento estimado. (En el próximo capítulo se incluye un análisis completo de los modelos de depreciación). El costo no recuperable de un activo se calcula como:

Costo no recuperable = valor presente en libros - valor presente del mercado

Si el resultado en esta ecuación es un número negativo, no hay costo no recuperable involucrado. El valor presente en libros es la inversión restante después de que se ha cargado la cantidad total de la depreciación; es decir, el valor actual en libros es el valor en libros del activo.

Por ejemplo, un activo comprado por $100,000 hace cinco años tiene un valor depreciado en libros de $50,000. Si se está realizando un estudio de reposición y sólo se ofrecen $20,000 como la cantidad de intercambio con el retador, según la ecuación anterior, se presenta un costo no recuperable de $50,000 - 20,000 = $30,000.

En un análisis de reposición el *costo no recuperable no debe incluirse en el análisis económico*. El costo no recuperable representa en realidad una pérdida de capital y se refleja correctamente si se incluye en el estado de resultados de la compañía y en los cálculos del impuesto sobre la renta para el año en el cual se incurre en dicho costo. Sin embargo, algunos analistas tratan de "recuperar" el costo no recuperable del defensor agregándolo al costo inicial del retador, lo cual es incorrecto ya que se penaliza al retador, haciendo que su costo inicial aparezca más alto; de esta manera se sesga la decisión.

Con frecuencia, se han hecho estimaciones incorrectas sobre la utilidad, el valor o el valor de mercado de un activo. Tal situación es bastante posible, dado que las estimaciones se realizan en un punto en el tiempo sobre un futuro incierto. El resultado puede ser un costo no recuperable cuando se considera la reposición.

No debe permitirse que las decisiones económicas y las estimaciones incorrectas del pasado influyan incorrectamente en los estudios económicos y decisiones actuales.

En el ejemplo se incurre en un costo no recuperable para la máquina de hielo defendida si ésta es remplazada. Con un valor en libros de $8,000 y una oferta de intercambio de $7500, la ecuación produce:

Costo no recuperable = $8000 - 7500 = $500

Los $500 nunca debieron agregarse al costo inicial del retador. Tal hecho (1) penaliza al retador puesto que la cantidad de inversión de capital que debe recuperarse cada año es más grande debido a un costo inicial aumentado de manera artificialmente y (2) es un intento de eliminar errores pasados en la estimación, pero probablemente inevitables.

10.3 ANÁLISIS DE REPOSICIÓN UTILIZANDO UN PERIODO DE ESTUDIO ESPECIFICADO

El *periodo de estudio u horizonte de planificación* es el número de años seleccionado en el análisis económico para comparar las alternativas de defensor y de retador.

Al seleccionar el periodo de estudio, una de las dos siguientes situaciones es habitual: La vida restante anticipada del defensor es igual o es más corta que la vida del retador.

Si el defensor y el retador tienen vidas iguales, se debe utilizar cualquiera de los métodos de evaluación con la información más reciente

Cuando un defensor puede ser remplazado por un retador que tiene una vida estimada diferente de la vida restante del defensor, debe determinarse la longitud del periodo de estudio.

Es práctica común utilizar un periodo de estudio igual a la vida del activo de vida más larga. Luego, se aplicará el valor VA para el activo de vida más corta a lo largo de todo el periodo de estudio, lo cual implica que el servicio realizado por dicho activo puede adquirirse con el mismo valor VA después de su vida esperada.

Por ejemplo, si se compara un retador con 10 años de vida con un defensor con 4 años de vida, para el análisis de reposición se supone que el servicio proporcionado por el defensor estará disponible por el mismo valor VA durante 6 años adicionales.

Si dicho supuesto no parece razonable, debe incluirse una estimación actualizada de la adquisición de un servicio equivalente en el flujo de efectivo del defensor y distribuirla durante el periodo de estudio de 10 años.

10.4 ENFOQUES DEL COSTO DE OPORTUNIDAD Y DEL FLUJO DE EFECTIVO APLICADOS AL ANÁLISIS DE REPOSICIÓN

Para considerar el costo inicial de alternativas en el análisis de reposición existen dos formas igualmente correctas y equivalentes. La primera, llamada *enfoque de costo de oportunidad, o enfoque convencional,* utiliza el valor de mercado de intercambio o actual del defensor como el costo inicial del defensor y el costo inicial de reposición como el costo inicial del retador.

El término costo de oportunidad reconoce el hecho de que el propietario pierde una cantidad de capital igual al valor de intercambio. Éste es el "costo" de la oportunidad si se selecciona el defensor. Tal es el enfoque del primer ejemplo.

Para el defensor, el costo inicial refleja el valor más alto que puede obtenerse a través de la disposición mediante venta, intercambio o desecho. El enfoque es complicado cuando múltiples retadores hacen cada referencia a un valor de intercambio diferente del defensor, porque requiere comprar un diferente costo inicial del defensor, con cada retador.

El segundo enfoque, el *enfoque del flujo de efectivo,* reconoce el hecho de que cuando se selecciona un retador, el valor de mercado del defensor es una entrada de efectivo para cada alternativa del retador; y que cuando se selecciona el defensor, no hay un desembolso real de efectivo. Sin embargo, para utilizar correctamente el enfoque del flujo de efectivo, el *defensor y el retador deben tener las mismas estimaciones de vida.* Se debe fijar el costo inicial del defensor en cero y restar el valor de intercambio (mercado, venta o disposición) del costo inicial del retador.

Nuevamente, es importante recordar que este enfoque puede utilizarse sólo cuando las vidas del defensor y del retador son iguales o cuando la comparación se realiza durante el mismo periodo de estudio para todas las alternativas.

10.5 VIDA DE SERVICIO ECONÓMICO

Es posible que se desee conocer el número de años que un activo debe conservarse en servicio para minimizar su costo total, considerando el valor del dinero en tiempo, la recuperación de la inversión de capital y los costos anuales de operación y mantenimiento.

Este tiempo de costo mínimo es un valor y1 al cual se hace referencia mediante diversos nombres tales como la *vida de servicio económico,* vida de costo mínimo, vida de retiro y vida de reposición. Hasta este punto, se ha supuesto que la vida de un activo se conoce o está dada. La presente sección explica la forma de determinar la vida de un activo (valor *n),* que minimiza el costo global. Tal análisis es apropiado si bien el activo esté actualmente en uso y se considere la reposición o si bien se está considerando la adquisición de un nuevo activo.

En general, con cada -año que pasa de uso de un activo, se observan las siguientes tendencias, señaladas gráficamente en la figura siguiente:

El valor anual equivalente del costo anual de operación (CAO) (identificado como VA de CAO en la figura) aumenta. También puede hacerse referencia al término CAO como costos de mantenimiento y operación (M&O).

El valor anual equivalente de la inversión inicial del activo o costo inicial disminuye (curva VA de inversión en la figura).

La cantidad de intercambio o valor de salvamento real se reduce con relación al costo inicial. Este efecto está incluido en la curva VA de inversión.

Tales factores hacen que la curva VA total del activo disminuya para algunos años y aumente de allí en adelante. La curva VA total se determina utilizando la siguiente relación durante un número *k* de años.

VA total = VA de la inversión + VA del CAO

El valor VA mínimo total indica el valor *n* durante la vida de servicio económico, el valor *n* cuando la reposición es lo más económico. Ésta debe ser la vida del activo estimada utilizada en un análisis de ingeniería económica, si se considera solamente la economía.

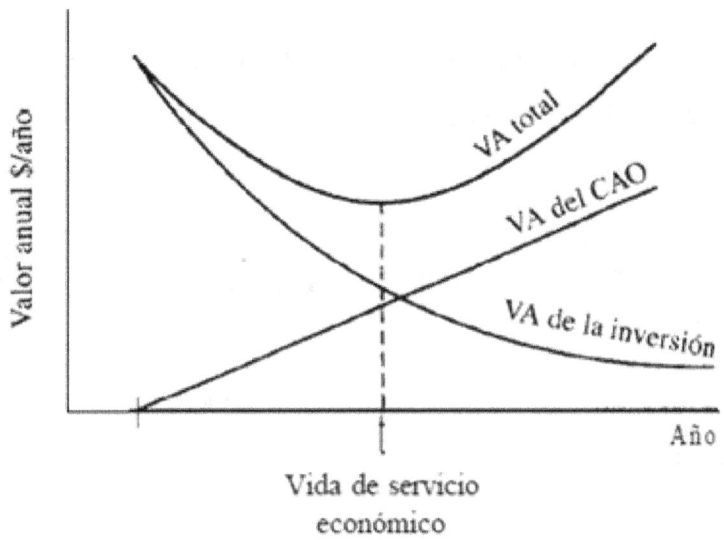

10.6 TERMINOLOGÍA DE INFLACIÓN Y CÁLCULOS DE VALOR PRESENTE

La mayoría de las personas están bien conscientes del hecho de que $20 hoy no permiten comprar la misma cantidad de lo que se compraba con $20 en el 2005 o en 1990 y mucho menos de lo que se compraba en 1970. ¿Por qué? Es la inflación en acción. Simplemente, la inflación es un incremento en la cantidad de dinero necesaria para obtener la misma cantidad de producto o servicio antes de la presencia del precio inflado.

La inflación ocurre porque el valor del dinero ha cambiado, se ha reducido. El valor del dinero se ha reducido y, como resultado, se necesitan más dólares para menos bienes. Éste es un signo de inflación.

Para comparar cantidades monetarias que ocurren en diferentes periodos de tiempo, el dinero valorado en forma diferente debe ser convertido primero a dinero de valor constante con el fin de representar el mismo poder de compra en el tiempo, lo cual es especialmente importante cuando se consideran cantidades futuras de dinero, como es el caso con todas las evaluaciones de alternativas.

La deflación es el opuesto de la inflación. Los cálculos para la inflación son igualmente aplicables a una economía deflacionaria.

10.7 CÁLCULOS DE VALOR FUTURO CONSIDERANDO LA INFLACIÓN

En los cálculos de valor futuro, la cantidad futura de dinero en dólares puede representar cualquiera de cuatro cantidades diferentes:

Caso 1. La cantidad real de dinero que será acumulado en el tiempo T1.

Caso 2. El *poder de compra,* en términos de dólares de hoy, de la cantidad real de dólares acumulada en el tiempo *n*.

Caso 3. El número de *dólares futuros requeridos* en el tiempo y1 para mantener el mismo poder de compra que un dólar hoy; es decir, no se considera el interés.

Caso 4. El número de dólares requerido en el tiempo *n* para *mantener el poder de compra y obtener una tusa de interés real determinada.* (Realmente esto hace que los cálculos del caso 4 y del caso 1 sean idénticos).

Debe ser claro que para el caso 1, la cantidad real de dinero acumulado se obtiene utilizando una tasa de interés determinada del mercado, la cual se identifica mediante i, en este capítulo, ya que incluye la inflación.

Para el caso 2, el poder de compra de dólares futuros se determina utilizando la tasa de interés del mercado i_f para calcular F y luego se divide por $(1+f)^n$. La división por $(1+f)^n$ afecta los dólares inflados. En efecto, este procedimiento reconoce que los precios aumentan durante la inflación, de manera que $1 en el futuro comprará menos bienes que $1 ahora. En forma de ecuación, el caso 2 es:

$$F = \frac{P(1+i_f)^n}{(1+f)^n} = \frac{P(F/P,i_f,n)}{(1+f)}$$

Al igual que en la ilustración, suponga que $1000 obtienen la tasa del mercado del 10% de interés anual durante 7 años. Si la tasa de inflación para cada año es del 4%, la cantidad de dinero acumulado en 7 años, pero con el poder de compra de hoy, es:

$$F = 1,000(F/p,10\%,7)/(1.04)7 = \$1481$$

La mayoría de los países tienen tasas de inflación en un rango del **2%** al **8%** anual, aunque la *hiperinflación* es un problema en países donde existe inestabilidad política, sobregastos por parte del gobierno, balanzas comerciales internacionales débiles, etc. Las tasas de hiperinflación pueden ser muy altas, 10% al 50% mensual, por ejemplo.

En estos casos, con frecuencia el gobierno redefine la moneda en términos de las monedas de otros países, controla bancos y corporaciones y el flujo de capital que entra y sale del país con el fin de reducir la inflación.

En general, en un entorno hiperinflado todos gastan todo su dinero de inmediato, ya que el costo será mucho más alto el próximo mes, semana o día. Para apreciar el efecto desastroso que la hiperinflación produce en la capacidad que una compañía tiene de mantenerse, es preciso trabajar nuevamente.

Las buenas decisiones económicas en una economía hiperinflada son muy difíciles de tomar utilizando los métodos tradicionales de ingeniería económica, puesto que los valores futuros estimados son muy poco confiables y la disponibilidad futura del capital es incierta

10.8 CÁLCULOS DE RECUPERACIÓN DEL CAPITAL Y DE FONDO DE AMORTIZACIÓN CUANDO SE CONSIDERA LA INFLACIÓN

En los cálculos de recuperación del capital es particularmente importante que éstos incluyan la inflación debido a que los dólares de capital actuales deben recuperarse con dólares inflados futuros. Dado que los dólares futuros tienen menos poder de compra que los dólares de hoy, es obvio que se requerirán más dólares para recuperar la inversión presente. Este hecho sugiere el uso de la tasa de interés del mercado o la tasa inflada en la fórmula AB? Por ejemplo, si se invierten $1,000 hoy a una tasa de interés real del 10% anual cuando la tasa de inflación es del 8% anual, la cantidad anual del capital que debe recuperarse cada año durante 5 años en dólares corrientes de entonces será:

$$A = 1,000(A/P, 18.8\%, 5) = \$325.59$$

Por otra parte, el valor reducido de los dólares a través del tiempo significa que los inversionistas pueden estar dispuestos a gastar menos dólares presentes (de mayor valor) para acumular una cantidad determinada de dólares (inflados) futuros utilizando un fondo de amortización; o sea, se calcula un valor A. Esto sugiere el uso de una tasa de interés más alta, es decir, la tasa $, para producir un valor A más bajo en la fórmula A/P. El equivalente anual (cuando se considera la inflación) de la misma $F = \$1000$ dentro de cinco años en dólares corrientes de entonces es:

$$A = 1,000(A/F, 18.8\%, 5) = \$137.59$$

Para comparación, la cantidad anual equivalente para acumular $F = \$1,000$ a una i real = 10% (antes de considerar la inflación), es **1,000(A/F, 10%,5) = $163.80** como se ilustró en el ejemplo. Por tanto, cuando F es fija, los costos futuros distribuidos uniformemente deben repartirse en el periodo de tiempo más largo posible, de manera que la inflación tenga el efecto de reducir el pago involucrado *($137.59 versus $163.80)*.

10.9 USO DE ÍNDICES DE COSTOS DE ESTIMACIÓN

Incluso un estudio rápido de la historia mundial reciente revela que los valores de la moneda de prácticamente cada país están en un constante estado de cambio. Para los ingenieros involucrados en la planeación y diseño de proyectos, esto hace que el difícil trabajo de estimar de costos sea aún más difícil.

Un método para obtener estimaciones preliminares de costos es tomar las cifras de los costos de proyectos similares que fueron terminados en algún momento en el pasado y actualizarlas, para lo cual los índices de costos son una herramienta conveniente para lograr esto.

Un índice *de costos* es una razón del costo de un artículo hoy con respecto a su costo en algún momento en el pasado.

De estos índices, el más familiar para la mayoría de la gente es el Índice de Precios al Consumidor (IPC), que muestra la relación entre los costos pasados y presentes para muchos de los artículos que los consumidores "típicos" deben comprar.

Este índice, por ejemplo, incluye artículos tales como el arriendo, comida, transporte y ciertos servicios. Sin embargo, otros índices son más relevantes para la ingeniería, ya que ellos siguen el costo de bienes y servicios que son más pertinentes para los ingenieros.

En general, los índices se elaboran a partir de una mezcla de componentes a los cuales se asignan ciertos pesos, subdividiendo algunas veces los componentes en más renglones básicos.

La ecuación general para actualizar costos a través del uso de cualquier índice de costos durante un periodo desde el tiempo *t = 0* (base) a otro momento *t* es:

$$C_t = \frac{C_0 I_t}{I_0}$$

Donde

C_t = costo estimado en el momento presente *t*

C_o = costo en el momento anterior t_o

I_t = valor del índice en el momento *t*

I_o = valor del índice en el momento t_o

10.10 ESTIMACIÓN DE COSTOS

Si bien los índices de costos antes analizados proporcionan una herramienta valiosa para estimar los costos presentes a partir de información histórica, se han hecho aún más valiosos al ser combinados con algunas de las demás técnicas de estimación de costos.

Uno de los métodos más ampliamente utilizado para obtener la información preliminar de costo es el *uso* de *ecuaciones de costo-capacidad,* Como el nombre lo indica, una ecuación de costo capacidad relaciona el costo de un componente, sistema o planta con su capacidad. Dado que muchas relaciones costo-capacidad se representan gráficamente como una línea recta sobre papel logarítmico, una de las ecuaciones de predicción de costos más común es:

$$C_2 = C_1 \left(\frac{Q_2}{Q_1}\right)^x$$

Donde

    C_1 = costo a la capacidad Q_1

    C_2 = costo a la capacidad Q_2

    X = e x p o n e n t e

Tema No. 11: La Depreciación
Terminología de depreciación. Diferentes métodos de depreciación

11.1 Terminología de Depreciación

A continuación se definen algunos términos comúnmente utilizados en depreciación. La terminología es aplicable a corporaciones lo mismo que a individuos que poseen activos depreciables.

11.1.1 Depreciación: Es la reducción en el valor de un activo. Los modelos de depreciación utilizan reglas, tasas y fórmulas aprobadas por el gobierno para representar el valor actual en los libros de la compañía.

El monto de la depreciación, DC, calculado de ordinario en forma anual, no refleja necesariamente el patrón del uso real del activo durante su posesión. Los cargos de depreciación anuales son deducibles de impuestos para las empresas en el país.

11.1.2 Costo inicial: También llamada base no ajustada, es el costo instalado del activo que incluye el precio de compra, las comisiones de entrega e instalación y otros costos directos depreciables en los cuales se incurre a fin de preparar el activo para su uso. El término base no ajustada, o simplemente base, y el símbolo B se utilizan cuando el activo es nuevo; se emplea el término base ajustada cuando se ha cargado alguna depreciación.

11.1.3 El valor en libros: Representa la inversión restante, no depreciada en los libros después de que el monto total de cargos de depreciación a la fecha han sido restados de la base. En general, el valor en libros, VL, se determina al final de cada año, lo cual es consistente con la habitual convención de final de año.

11.1.4 El periodo de recuperación: Es la vida depreciable, *n*, del activo en años para fines de depreciación (y del impuesto sobre la renta).

Este valor puede ser diferente de la vida productiva estimada debido a que las leyes gubernamentales regulan los periodos de recuperación y depreciación permisibles.

11.1.5 El valor de mercado: Es la cantidad estimada posible si un activo fuera vendido en el mercado abierto. Debido a la estructura de las leyes de depreciación, el valor en libros y el valor de mercado pueden ser sustancialmente diferentes. Por ejemplo, el valor de mercado de un edificio comercial tiende a aumentar, pero el valor en libros se reducirá a medida que se consideren los cargos de depreciación. Sin embargo, una terminal de computador puede tener un valor de mercado mucho más bajo que su valor en libros debido a la tecnología rápidamente cambiante.

11.1.6 La tasa de depreciación *o tasa de recuperación:* Es la fracción del costo inicial que se elimina por depreciación cada año. Esta tasa, d_t, puede ser la misma cada año, denominándose entonces tasa en línea recta, o puede ser diferente para cada año del periodo de recuperación. Una tasa de depreciación sin referencia al año se identifica por la letra *d*.

11.1.7 El valor de salvamento: Es el valor estimado de intercambio o de mercado al final de la vida útil del activo. El valor de salvamento, VS, expresado como una cantidad en dólares estimada o como un porcentaje del costo inicial, puede ser positivo, cero, o negativo debido a los costos de desmantelamiento y de remoción.

11.1.8 La propiedad personal: Uno de los dos tipos de propiedad para los cuales se permite la depreciación, está constituido por las posesiones tangibles de una corporación, productoras de ingresos, utilizadas para hacer negocios.

Se incluye la mayor parte de la propiedad industrial manufacturera y de servicio: vehículos, equipo de manufactura, mecanismos de manejo de materiales, computadores, conmutadores, muebles de oficina, equipo de proceso de refinación y mucho más.

11.1.9 La propiedad real: Incluye los bienes raíces y las mejoras a ésta y tipos similares de propiedad, por ejemplo, edificios de oficinas, estructuras de manufactura, bodegas, apartamentos y otras estructuras. *La tierra en sí se considera propiedad real, pero no es depreciable.*

11.1.10 La convención de medio año: Supone que se empieza a hacer uso de los activos o se dispone de ellos a mitad de año, sin importar cuándo ocurren realmente tales eventos durante el año. En este texto se utiliza dicha convención. Otras convenciones son la mitad de mes y la de mitad de trimestre.

Existen muchos modelos aprobados para la depreciación de activos, siendo el modelo en línea recta (LR) el de uso más común, históricamente. Sin embargo, modelos acelerados tales como el modelo de saldo decreciente (SD) son atractivos porque el valor en libros se reduce a cero (o al valor de salvamento) con más rapidez que el método en línea recta.

11.2 La Depreciación. Tipos

En conclusión, **la depreciación** es una forma de tomar en cuenta el costo de un activo para propósitos de impuestos.

El costo incluye las cargas por entrega e instalación, se manejan como un pago por adelantado de servicios futuros. La depreciación lo que hace es amortizar este pago a lo largo de la vida útil del activo (por ejemplo: maquinarias, vehículos, equipos, etc.)

La depreciación anual es la cantidad del costo del activo que se descuenta en un año específico. **La depreciación acumulada** es el total de las depreciaciones anuales hasta la fecha.

El valor de salvamento también llamado **valor de recuperación** de un activo es el ingreso estimado que se obtendrá al final de la "vida útil" del activo en cuestión. Es decir que de un activo específico al final de su vida útil tendría un valor en libros de cero (0), pero podría tener un valor de salvamento o de recuperación diferente.

La Vida Útil, sobre la cual se deprecia un activo, puede ser diferente a su vida real de servicio, por eso es que sale el Valor de Salvamento o de Recuperación.

11.2.1 Diferentes Métodos de Depreciación

Existen diferentes métodos tradicionales de la depreciación de un activo a partir de su costo original, su vida útil y su valor de rescate.

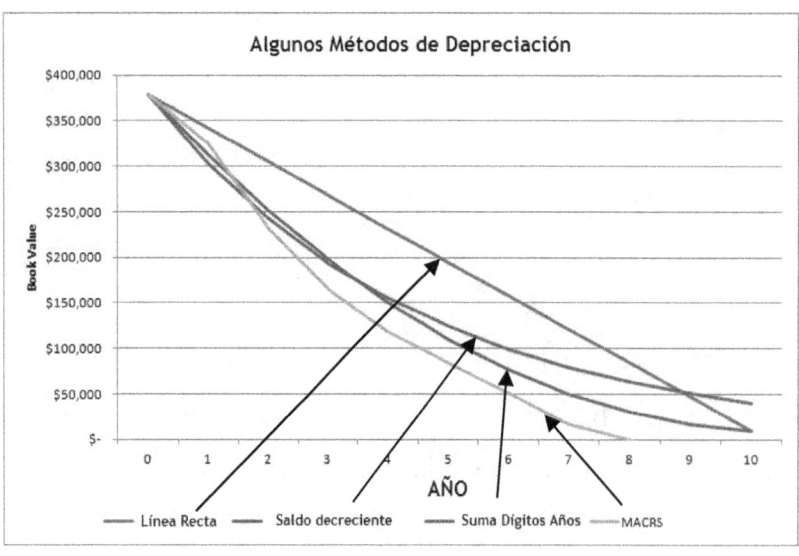

11.2.1.1 Método de la Línea Recta:

Este método establece que la depreciación anual en el año se divide proporcionalmente entre el número años de vida útil estimada del activo en cuestión.

Usualmente en La República Dominica, la Dirección General de Impuestos Internos (DGII) acepta la mayor parte de las depreciaciones en un término de 5 años, aunque existen casos específicos en que el tiempo de depreciación cambia considerablemente.

Cuando se realizan las depreciaciones, también se debe tomar en cuenta al final de la vida útil del activo que se trate, el costo de desmantelamiento del mismo, junto a su valor de rescate sí ya se encuentra establecido.

11.2.2.2 Método del Saldo Decreciente:

Existen activos que por su naturaleza se permite que su depreciación sea de forma geométrica en el tiempo.

De esta forma del saldo decreciente nos da como resultado una mayor participación en la depreciación en los primeros años de la vida del activo.

Este método contrasta el de la línea recta, que es una depreciación constante.

Este tipo de depreciación se utiliza mucho en equipos electrónicos y computadores.

11.2.2.3 Método de Suma de Dígitos de los Años:

Se parece mucho al método anterior (Del Saldo Decreciente) en el sentido de que se deprecia mucho en los primeros años y se va haciendo más chico cuando llega al fin de su vida útil.

11.2.2.4 Método del Fondo de Amortización

Este método deprecia a un activo específico como sí la empresa fuera a realizar una serie de depósitos anuales iguales (fondo de amortización) cuyo valor al final de la vida útil del activo sea igual al costo de reemplazar ese activo.

Funciona contrario a los dos métodos anteriores, es decir que la depreciación es más grande al final de la vida útil del activo.

Existen otros métodos de depreciación que son utilizados en diversos países, pero los principales y más aceptados son precisamente los cuatro (4) que hemos mencionado anteriormente.

Figura 11.2 Ejemplos Activos Fijos

Existen igualmente otros métodos de depreciación de Activos que son utilizados comúnmente y que haremos mención a continuación:

- Método de las Unidades de Producción
- Doble cuota sobre valor en libro
- Método de Horas de Producción (se utiliza mucho en la depreciación de maquinarias de construcción, por ejemplo)
- Método basado en la actividad
- Entre otros

11.3 Que es el Valor Económico Agregado

Solamente, cuando la rentabilidad de la inversión supere el costo de capital promedio ponderado, se puede decir que se generará valor económico para los propietarios de la empresa.

Únicamente en este evento los inversionistas están satisfaciendo sus expectativas y alcanzando sus objetivos financieros.

11.4 Proyecto de Inversión y Riesgo

Un proyecto de inversión se puede entender como la oportunidad de efectuar desembolsos de dinero con las expectativas de obtener retornos o flujos de efectivo (rendimientos), en condiciones de riesgo.

Cualquier criterio o indicador financiero es adecuado para evaluar proyectos de inversión, siempre y cuando este criterio permita determinar que los flujos de efectivo cumplan con las siguientes condiciones:

- Recuperación de las inversiones
- Recuperar o cubrir los gastos operacionales
- Obtener una rentabilidad deseada por los dueños del proyecto, de acuerdo a los niveles del riesgo de este.

El riesgo del proyecto se describe como la posibilidad de que un resultado esperado no se produzca.

Cuanto más alto sea el nivel de riesgo, tanto mayor será la tasa de rendimiento y viceversa, de este nivel de riesgo se desprende la naturaleza subjetiva de este tipo de estimaciones.

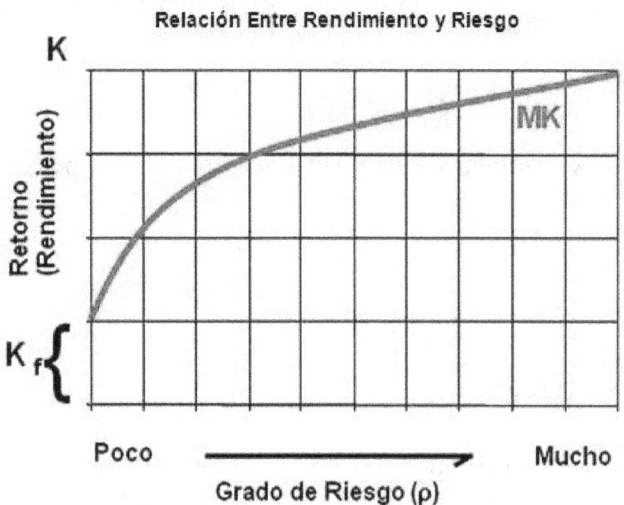

Fig. 11.3 Rendimiento Vs. Riesgo

ANEXOS

Anexo A: Uso de Excel

Aunque dentro del desarrollo del curso hemos utilizado directamente las fórmulas y tablas para resolver los problemas de ingeniería económica que se nos presentarán en la vida real, en la actualidad tenemos poderosas herramientas para resolver los mismos de una forma mucho más rápida y seguro a través del uso de calculadoras financieras y de programas de computadoras, uno de los más comunes: **Excel**

A continuación presentaremos algunos datos de cómo utilizar Excel con sus funciones financieras, pero el lector deberá estudiar dentro de su manual de Microsoft office cómo utilizar las mismas y rehacer los ejercicios presentados en este folleto para su comprobación.

USO DE LAS FUNCIONES DE EXCEL PERTINENTES A LA INGENIERÍA ECONÓMICA

SD (Saldo decreciente) (corresponde a la sigla en inglés DB) Calcula las cantidades de depreciación para un activo durante un periodo especificado *n* utilizando el método fijo de saldo decreciente. La tasa de depreciación utilizada en el cálculo es *l/n*.

Sintaxis de uso =SD(costo, salvamento, vida, periodo, mes)

costo	Costo inicial del activo.
salvamento	Valor de salvamento del activo.
vida	Vida de depreciación (periodo de recuperación).
periodo	El periodo, año, para el cual la depreciación debe ser calculada.
mes	Es una entrada opcional. Si tal entrada es omitida, se supone un año completo durante el primer año.

SDD (Saldo doblemente decreciente) (corresponde a la sigla en inglés DDB)

Calcula la depreciación de un activo durante un periodo determinado *n* utilizando el método de saldo doblemente decreciente. También puede ingresarse un factor para algún otro método de depreciación de saldo decreciente especificando un factor en la función.

Uso de sintaxis =SDD(costo, salvamento, vida, periodo, factor)

costo	Costo inicial del activo.
salvamento	Valor de salvamento del activo.
vida	Vida de depreciación.
periodo	Periodo, año, para el cual la depreciación debe ser calculada.
factor	Es una entrada opcional. Si esta entrada es omitida, la función utilizará el método doblemente decreciente con 2 veces la tasa en línea recta.

Si, por ejemplo, la entrada es 1.5, se utilizará el método de saldo decreciente del 150%.

VF (Valor futuro) (corresponde a la sigla en inglés FV)

Calcula el valor futuro con base en los pagos periódicos a una tasa de interés específica.

Uso de sintaxis =VF(tasa, nper, pgs, vp, digite)

tasa	Tasa de interés por periodo de capitalización.
nper	Número de periodos de la capitalización.
Pgs	Cantidad de pago constante.
VP	Cantidad del valor presente. Si no se especifica vp, la función supondrá que ésta es 0.
digite	Digite un 0 o un 1. Un 0 representa los pagos hechos al final del periodo y un 1 representa los pagos hechos al principio del mismo.

PINT (Pago de intereses) (corresponde a la sigla en inglés IPMT)

Calcula el interés acumulado durante un periodo y1 dado con base en pagos periódicos constantes y la tasa de interés.

Uso de sintaxis =PINT(tasa, per, nper, vp, vf, digite)

tasa	Tasa de interés por periodo de capitalización.
per	Periodo durante el cual debe calcularse el interés.
nper	Número de periodos de capitalización.
VP	Valor presente. Si el vp no está determinado, la función supondrá que éste es 0.
VF	Valor futuro. Si vf es omitido, la función supondrá que éste es 0. VF puede ser considerado también un saldo de efectivo después de efectuar el último pago.
digite	Digite un 0 o un 1. Un 0 representa los pagos hechos al final del periodo y un 1 los pagos hechos al principio del mismo.

TIR (Tasa interna de retorno) (corresponde a la sigla en inglés IRR)

Calcula la tasa interna de retorno para una serie de pagos en periodos regulares.

Uso de sintaxis =TIR(valores, ensayos)

valores   Conjunto de números en una columna de una hoja de cálculo (o fila) para el cual será calculada la tasa de retorno. El conjunto de números debe constar por lo menos de un número positivo y ZUZO negativo. Los números negativos denotan un pago hecho o una salida de efectivo y los números positivos denotan ingreso o entrada de efectivo.

aproximación Para reducir el número de iteraciones, puede agregarse una *tasa de retorno aproximada* a la función TIR. En la mayoría de los casos, no se requiere una aproximación y se supone inicialmente una tasa de retorno del 10%. Si aparece #NUM! Error, ensaye utilizando diferentes valores para la aproximación o ensayo. La entrada de diferentes valores de aproximación hace posible determinar las raíces múltiples para la ecuación de tasa de retorno de una secuencia de flujo de efectivo no convencional (no simple).

NPER (Número de periodos)

Calcula el número de periodos para el valor presente de una inversión a fin de igualar el valor futuro especificado, con base en pagos regulares uniformes y una tasa de interés establecida.

Uso de sintaxis =NPER(tasa, pgs, vp, vf, digite)

tasa	Tasa de interés por periodo de capitalización.
Pgs	Cantidad pagada durante cada periodo de capitalización.
VP	Valor presente (suma global).
VF	Valor futuro o saldo de efectivo después del último pago. Si vf se omite, la función asumirá un valor de 0.
digite	Ingrese 0 si los pagos se vencen al final del periodo de capitalización y 1 si los pagos se vencen al principio del periodo. Si se omite, se supone 0.

VPN (Valor presente neto) (corresponde a la sigla en inglés NPV)

Calcula el valor presente neto de una serie de flujos de efectivo futuros a una tasa de interés establecida.

Uso de sintaxis =VPN(tasa, serie)

tasa	Tasa de interés por periodo de capitalización.
serie	Serie de pagos (número negativo) e ingresos (número positivo) puestos en un rango de celdas en la hoja de cálculo.

PGS (Pagos) (corresponde a la sigla en inglés PMT)

Calcula los pagos basados en valor presente y/o el valor futuro a una tasa de interés constante

Uso de sintaxis =PGS(tasa, nper, vp, vf, digite)

tasa	Tasa de interés por periodo de capitalización.
nper	Número total de periodos.
VP	Valor presente (o monto del préstamo).
VF	Valor futuro o saldo de efectivo futuro.
digite	Ingrese 0 para los pagos vencidos al final del periodo de capitalización, y 1 si el pago se vence al principio de dicho periodo

DLR (Depreciación en línea recta) (corresponde a la sigla en inglés SLN)

Calcula la depreciación en línea recta de un activo para un año determinado.

Uso de sintaxis. =DLR(costo, salvamento, vida)

costo	Costo inicial del activo.
salvamento	Valor de salvamento.
vida	Vida de depreciación

SDA (Depreciación por el método de la suma de los dígitos del año) (Corresponde a la sigla en inglés SYD)

Calcula la depreciación por el método de la suma de los dígitos del año de un activo para un año dado.

Uso de sintaxis SDA(costo, salvamento, vida, per)

costo Costo inicial del activo.

salvamento Valor de salvamento.

vida Vida de depreciación.

per El año para el cual se busca la depreciación

MENSAJES DE ERROR

Si Excel no puede terminar el cálculo de una fórmula o de una función, aparece un mensaje de error. Algunos mensajes comunes son:

#DIV/O !	Está tratando de dividir por cero.
#WA	Se refiere a un valor que no está disponible.
#NOMBRE?	Utiliza un nombre que Excel no reconoce.
#NULL!	Especifica una intersección inválida de dos áreas.
#NUM!	Utiliza un número incorrectamente.
#REF!	Se refiere a una celda que no es válida.
#VALOR!	Utiliza un argumento u operando inválido.
# # # # #	Produce un resultado, o incluye un valor numérico constante, que es demasiado largo para ajustarse a la celda. (Ensanche la columna).

Anexo B: Contabilidad y Uso Razones Financieras

En este anexo ofrecemos una descripción fundamental de los estados financieros. Los documentos analizados aquí pueden ayudar a revisar o a entender los estados financieros básicos y a reunir información útil en un estudio de ingeniería económica.

El Balance General

El año fiscal y el año tributario están definidos en forma idéntica para una corporación o para un individuo: 12 meses de duración.

El año fiscal (AF) no siempre lo es el año calendario (AC) para una empresa o corporación. En algunas ocasiones se utiliza como fecha de cierre 30 de Junio o el 30 de septiembre.

Para una persona física, el año fiscal o año tributario siempre es el año calendario.

Al final de cada año fiscal, una compañía publica un *balance* general (ver ejemplo más abajo). Ésta es una presentación anual de un estado de la firma en ese momento particular.

En muchas ocasiones las empresas preparan el balance general trimestral o semestralmente como herramienta de control.

Observe que se utilizan las tres categorías principales.

1.- Activos.
Resumen de todos los recursos poseídos por la compañía o adecuados a ésta.

Hay dos clases principales de activos:

Los ***activos corrientes*** representan capital de trabajo de corto plazo (efectivo, cuentas por cobrar, etc.), que pueden convertirse más fácilmente a efectivo, por lo general dentro de 1 año. Se hace referencia a los activos de largo plazo como ***activos fijos*** (tierra, equipo, etc.). La conversión de estas tenencias a efectivo en un corto plazo requeriría una reorientación corporativa importante.

2.- Pasivos.

Resumen de todas las obligaciones financieras (deudas, préstamos, etc.) de una empresa o corporación.

3.- Patrimonio.

Es un resumen del valor financiero de la propiedad, incluyendo las acciones emitidas y las ganancias conservadas por la empresa

El balance general se construye utilizando la relación:

$$\textbf{Activos = pasivos + patrimonio}$$

En la tabla anterior cada gran categoría se divide adicionalmente en categorías estándar.

Por ejemplo, los activos corrientes se componen de efectivo, cuentas por cobrar, etc. Cada subdivisión tiene una interpretación específica, tal como cuentas por cobrar, que representa todo el dinero adeudado a la compañía por sus clientes habituales.

Los Cocuyos, SRL
Balance General
31 Diciembre de 2012

1.- ACTIVOS
Activos Corrientes

	Efectivo	10,500
	Cuentas por Cobrar	18,700
	Intereses Acumulados Por cobrar	500
	Inventarios	<u>52,000</u>
Total de Activos Corrientes		**81,700**

Activos Fijos

	Terrenos	25,000
	Construcciones y Equipos	<u>356,000</u>
Total de Activos Fijos		**381,000**
TOTAL DE ACTIVOS		**462,700**

2.- PASIVOS

	Cuentas por pagar	19,700
	Dividendos por Pagar	7,000
	Documentos a largo Plazo por pagar	16,000
	Otras obligaciones	<u>20,000</u>
TOTAL DE PASIVOS		**62,700**

3.- CAPITAL   **400,000**

TOTAL DE PASIVOS MÁS CAPITAL   **462,700**

Estado de Resultados

Otro estado financiero, *es* el *estado de resultados* (Ver ejemplo más abajo). El estado de resultados resume las utilidades o las pérdidas de la corporación durante un periodo establecido de tiempo. Los estados de resultados siempre acompañan los balances generales.

Los Cocuyos, SRL
Estado de Resultados
31 Diciembre de 2012

INGRESOS		
Ventas	505,000	
Ingreso por intereses	3,500	
Ingresos Totales		508,500
GASTOS		
Costo de los bienes vendidos	290,000	
Costos directos de Ventas	28,000	
Gastos Administrativos y otros	47,000	
Gastos Totales		365,000
Utilidad antes de impuestos		143,500
Utilidad neta luego de impuestos		64,575

Las categorías principales de un estado de resultados son:

1.- Ingresos.

Todas las ventas e ingresos de intereses que ha recibido la compañía durante el periodo contable pasado.

2.- Gastos. Resumen de todos los gastos durante el periodo. Algunas cantidades de gastos aparecen en otros estados, por ejemplo, el costo de los bienes vendidos y los impuestos sobre la renta.

El estado de resultados, publicado simultáneamente con el balance general, utiliza la ecuación básica:

$$Ingresos - gastos = utilidad\ (o\ pérdida)$$

El *costo de los bienes vendidos es* un término de contabilidad importante, el cual representa el costo neto de generar el producto negociado por la firma. El costo de los bienes vendidos también recibe el nombre de costo de fabricación.

El costo de los bienes vendidos, como aquel que aparece en la tabla siguiente, es útil al determinar exactamente cuánto cuesta fabricar un producto particular durante un periodo establecido de tiempo, por lo general un año. Observe que el total del estado del costo de los bienes vendidos se ingresa como un renglón de gasto en el estado de resultados. Este total se determina utilizando las relaciones:

$$Costo\ principal = materiales\ directos + mano\ de\ obra\ directa$$

$$Costo\ de\ los\ bienes\ vendidos = costo\ principal + gasto\ de\ fabricación$$

RAZONES DE NEGOCIOS

Los contadores, economistas e ingenieros utilizan con frecuencia los análisis de razones de negocios para evaluar la salud financiera (la condición) de una compañía en el tiempo.

Debido a que el economista ingeniero debe comunicarse continuamente con otros, él o ella deben tener un conocimiento básico de las diversas razones.

Razones de solvencia.

Capacidad de satisfacer las obligaciones financieras de corto y de largo plazo.

Razones de eficiencia.

Medidas que reflejan la capacidad de la gerencia para utilizar y controlar los activos.

Razones de rentabilidad.

Evalúan la capacidad de obtener un retorno para los propietarios de la corporación.

La información numérica para diferentes razones importantes se analiza aquí y ha sido extraída del balance general y del estado de resultados de las dos primeras tablas que presentamos en el presente anexo.

Razón corriente

Esta razón se utiliza para analizar la condición del capital de trabajo de la compañía; se define como:

$$\text{Razón corriente} = \frac{\text{activos corrientes}}{\text{pasivos corrientes}}$$

Los pasivos corrientes incluyen todas las deudas de corto plazo, tales como cuentas y dividendos por pagar.

Observe que en la razón corriente solamente se utilizan datos del balance general; es decir, no se hace asociación con los ingresos o los gastos. Para el balance general de la Primera tabla, los pasivos corrientes ascienden a $19,700 + $7,000 = $26,700 y

$$\textbf{Razón corriente} = \textbf{81,700/26,700} = \textbf{3.06}$$

Dado que los pasivos corrientes son aquellas deudas por pagar en el año siguiente, el valor de la razón corriente de 3.06 significa que los activos corrientes cubrirían las deudas de corto plazo aproximadamente 3 veces. Son comunes los valores de 2 a 3 para la razón corriente.

La razón corriente supone que el capital de trabajo invertido en inventario puede ser convertido a efectivo de manera bastante rápida. Con frecuencia, sin embargo, puede obtenerse una mejor idea de la posición financiera *inmediata* de una compañía utilizando la razón de prueba ácida.

Razón de prueba ácida (Razón de liquidez rápida) Esta razón es:

$$\text{Razón de prueba ácida} = \frac{\text{activos realizable}}{\text{pasivos corrientes}}$$

$$= \frac{\text{activos corrientes} - \text{inventarios}}{\text{pasivos corrientes}}$$

Es significativa para la situación de emergencia cuando la firma debe cubrir las deudas de corto plazo utilizando sus activos fácilmente convertibles.

Para la empresa de nuestro ejemplo:

Razón de prueba ácida = (81,700-52,000)/26,700 = 1.11

La comparación de esta razón y de la razón corriente muestra que aproximadamente 2 veces las deudas corrientes de la compañía están invertidas en inventarios. Sin embargo, una razón de prueba ácida de cerca de 1.0 se considera en general como una posición corriente fuerte, independientemente de la cantidad de activos en inventarios.

Razón de patrimonio Esta razón ha sido históricamente una medida de solidez financiera puesto que se define como:

Razón de patrimonio = Patrimonio Total/Activos Totales

En nuestra empresa de ejemplo:

Razón de patrimonio = 400,000/462,700 = **0.865**

El 86.5% de la empresa es de propiedad de los accionistas. Las ganancias conservadas de $25,000 también se consideran patrimonio puesto que éstas son en general de propiedad de los accionistas, no de la empresa en sí.

Una razón de patrimonio en el rango 0.80 a 1.0 indica por lo común una condición financiera sólida, con poco temor de una reorganización obligada debido a pasivos no pagados.

Sin embargo, una compañía que prácticamente no tiene deudas, es decir, con una razón de patrimonio muy alta, puede no tener un futuro prometedor, debido a su inexperiencia en el manejo del financiamiento con deuda de corto y de largo plazo. La mezcla deuda-patrimonio (D-P) es otra medida de solidez financiera.

Existen en contabilidad una serie de razones adicionales que sólo mencionaremos, tales como:

Razón de Retorno sobre la inversión (ROI)

Razón de retorno sobre ventas

Razón de retorno sobre activos

Razón de rotación del inventario

Entre otras…..

ANEXO C: EJERCICIOS

EJERCICIOS DE INTERÉS SIMPLE

1.- Tres personas se ausentaron del país, colocando antes un capital de $55,000.00 al 6%. Al regresar cada una recibió por capital e intereses $32,000.00. ¿Cuánto tiempo duró la ausencia?

2.- Se deposita cierta cantidad al 3% anual. Al cabo de 6 años y 3 meses se saca esta suma y los intereses producidos. ¿Qué cantidad había impuesta al 3% si se recibe un interés anual de $540.00? ¿A cuánto asciende el capital total?

3.- Ud. Ha gastado las 4/5 partes de su capital. Lo que tiene lo coloca al 5% y le produce $2,000.00 de interés al año. ¿Cuál era su capital inicial?

4.- ¿A cómo le sale al fabricante de un reloj marcado en $400.00 sabiendo que al hacer una rebaja del 10% sobre éste precio, gana todavía el 20% sobre el precio de compra?.

5.- Dos empleados, teniendo que calcular el interés de un capital de $ 1000.00 al 6% durante 73 días, cuentan el año, el uno como 360 días, el otro como de 365 días. Así resulta una diferencia determinada. Calcule el interés ordinario y exacto.

6.- El 8 de Octubre de 1993 pedí prestado $72.20. El 23 de Febrero de 1997 pagué sus intereses por $14.68. ¿A qué tanto por ciento era el préstamo?

7.- Calcule el tipo de imposición de un capital de $2 016.00 impuesto el 12 de Noviembre de 1993, si el 2 de Febrero del 1997 se ha recibido un montante de $2 535.68.

8.- Hallar el capital que invirtió durante 7 cuatrimestres al 2% trimestral, alcanzó un montante de $300 000.00

9.- Los intereses de $280.00 al 6% son $2.80. ¿Qué día se pagan los intereses si el préstamo se hizo el 22 de abril?

10.- Se presta un capital de $35 000.00 al 8% de interés anual y al cabo de cierto tiempo devuelven por capital e intereses $44 100.00 ¿Por cuánto tiempo se hizo el préstamo?

11.- Tengo una deuda de $1 731.00 que debo pagar el 27 de Febrero de 1997. ¿Cuánto tuve que depositar en el Banco el 21 de Abril de 1993 al 10% de interés Simple anual, para satisfacer dicha deuda?

12.- La Compañía Silveira presenta la siguiente situación:

Nov.1- Se prestaron $10 000.00 a E. García sobre un documento a un año, con el 6% de interés.

Nov.30- Se vendieron mercancías a Lefland, inicio, recibiendo a cambio un documento de compromiso de pago a 90 días con el 12% por $3 750.00.

Dic.15- Se recibió por J. Baker un documento a cuenta por $2 000.00 a 6 meses y con el 12%.

¿Diga a cuánto asciende el importe por cobrar total?.

13.- Determine el interés simple exacto y ordinario sobre $2,000.00 al 5% durante 50 días. Compáralos y analiza las causas de sus diferencias. Apoyarse en la elaboración de diagramas.

14.- Una persona deposita en 3 bancos diferentes capitales por $5,000.00, $4,500.00 y $6,200.00 en cada uno, al 6% de interés anual. En el primer banco deposita su dinero por 5 años, en el segundo por 5 años y 6 meses y en el tercero por 6 años. ¿A cuánto asciende el monto obtenido en las tres cuentas bancarias?

15.- El 27 de Mayo pedí prestado $350.00, al vencimiento los intereses eran $5,25 al 6%. ¿Qué día se venció el préstamo?

16.- Calcule el tipo de interés devengado por $127.00 impuesto el 1 de Enero si el 1 de Septiembre del mismo año los intereses suman $24.00.

17 ¿Qué capital impuesto el 26 de Abril al 6% da $3.48 de interés el 31 de Mayo?.

18- Dos hermanos reciben en herencia cada uno, una finca de igual valor. El primero vende la suya en $ 15,000.00, e invierte este dinero al 5% anual durante año y medio. El segundo vende su finca 18 meses después en $16,000.00. ¿Cuál de ellos obtuvo mayor beneficio y por qué?

19- Un estudiante al comenzar sus estudios secundarios decidió guardar $15.00 mensuales. Al cabo de 8 años invirtió el dinero ahorrado al 6%. ¿Cuánto recibirá anualmente de interés y cuál será el monto de su capital al final del 3er año?

20.-El 5 de Julio de 2012 pagué $190,00 de interés correspondiente al capital de $2 500.00, tomado en préstamo el 25 de Marzo de 2008. ¿Qué tanto por ciento pagué como interés?

21- Al 6% los intereses de $530.00 suman $2.65. Calcule el término de interés (n) y el día de vencimiento a partir del 10 de Agosto.

22- El 30 de Enero presto cierto capital al 5%, el cuál dio un interés de $538.80 el 20 de diciembre. ¿Cuánto se devolvió?

23- El 22 de Noviembre retiro $20.15 como interés de un capital prestado al 6% el 20 de Julio. ¿Cuál fue el préstamo?

24.- Qué oferta es más conveniente para el comprador de una casa:
$4,000.00 iniciales y $6,000.00 a los 6 meses al 5 %, o $6,000.00 iniciales y $4,000.00 al año al 6 %.

Compárese en la fecha de vencimiento el valor de la casa para cada posibilidad.

25.- ¿En qué fecha se devolvió el monto de $252.00, si se pidió prestado un capital de $250.00 al 7% el 3 de noviembre?

26- Tres personas han impuesto juntas un capital de $8,000.00. Al cabo de 10 años han sacado por monto de su capital: la primera $1,600.00, la segunda $4,000.00 y la tercera $7 200.00.

¿A qué tanto por ciento anual impusieron el capital y cuál fue el capital impuesto por cada una de ellas?

27.- Un comerciante toma a préstamo el 1ro de Marzo de 2000 la suma de $4,000.00. Los intereses que paga ascienden al 5% del préstamo. El tanto por ciento es del 4% anual. ¿En qué fecha se efectúo el pago?

28.- Una persona deposita $1,500.00 en una cuenta de ahorro que paga el 4% de interés simple anual. Cuando extrae el depósito le entregan por monto $1,750.00. ¿Qué tiempo estuvo depositado el capital?

29.- El Sr. Ramírez pidió prestado $340.00 el 7/6/2012, al 5% de interés simple mensual. Realizó el pago el 7 de Enero de 2013. ¿Cuánto pagó en total?

30.- Ud. ha impuesto al 6% de interés simple anual, un capital. Cuatro años y tres meses después saca el capital más los intereses y lo invierte al 8%. ¿Cuál será el capital inicial si recibe ahora una renta anual de $200.80?

31.- Calcular los intereses producidos por cada uno de los siguientes capitales:
$5,000.00, $15,000.00 y $25,000.00 durante 30, 60 y 90 días respectivamente, al 12% de interés simple anual. Determine el interés total

32.- Se imponen tres capitales por valor de $4,500.00, $6,000.00 y $8,000,00 durante 45 días a una tasa de interés simple anual del 6%. Calcule el interés devengado por cada capital.

33.- Un comerciante pidió prestado el 15/1/2013, $ 4,700.00 con una tasa de interés del 4% anual. El 23 de diciembre paga su deuda. ¿Cuál fue el interés acumulado hasta la fecha de pago?

34.- El Sr. López pidió prestado $ 336.00 el 7/6/2013 al 5% de interés. Realizó el pago el 3 de Enero de 2014.

¿Cuánto pagó en total?

35.- Dos amigos han impuesto juntos una suma de $ 5,000.00 al 6%. Al cabo de 5 años uno de ellos decide sacar lo acumulado por el interés y el monto de ambos es:

Jorge = $ 4,000.00

Pedro = 2,500.00

¿Cuál fue el capital impuesto por cada uno y cuál fue la cantidad obtenida por razones de interés qué obtuvo Jorge?

36.- El 20 de Octubre de 2010, General Electric le vende equipos por $ 15,000,00 a Dorman Buildes el cual firma un pagaré a 90 días con una tasa del 10% anual. ¿Cuál fue la cantidad total pagada?

37.- Para cada uno de los siguientes documentos por cobrar calcule el importe de los ingresos por intereses devengados durante 2012.

	Principal	Tasa de Interés	Período de interés.
a) documento 1	$10,000.00	9%	90 días
b) documento 2	50,000.00	10%	6 meses
c) documento 3	100,000 00	8%	5 años
d) documento 4	15,000.00	12%	60 días

38.- Se prestan $10,000.00 a E. Gómez sobre un documento con el 9% el 1 de noviembre, pagadero El 31 de enero del siguiente año.

Dic.3- Se vendieron mercancías a Petland, recibiendo a cambio un documento a 90 días, con el 12%, por $ 3,750.00.

Dic.16- Se recibió de I. Baker un documento a cuenta por $ 2,000.00, a 6 meses y con el 12%.

¿Determine el pago de intereses para cada caso?.

39.- Se estimó que el gasto por cuentas incobrables del año era 4/5 del 1% de las ventas a crédito por $300,000.00. Determine este importe.

40.- Suponga que Chesap Corp., un importante fabricante de productos de papel, realizó las siguientes operaciones:

-Vendió mercancías a Mc Namara Company al crédito por $24,000.00 a tres meses con intereses al 3 %. Calcule el interés.

-Se prestaron $ 60,000.00 a Consolidated Investment, recibiendo un documento a 90 días con intereses al 13 %.

Calcule El monto.

41.- Para un capital de $2,000.00 al 3% anual durante 4 años:

a) Hallar el interés total devengado

b) Hallar el interés devengado durante los dos primeros años.

c) Durante los dos últimos años.

d) Si el capital es de $3,000.00, n e i, se mantienen constantes,

¿Cuál será el interés devengado durante cada uno de los 4 años del plazo?

42.- Una persona impone los 4/5 partes de su capital al 4% y el resto al 5%. Cada año saca por interés $117.60. ¿Cuál es la suma colocada?

43.-Que suma debe imponer en este momento para recibir dentro de 4 años y 9 meses el valor de $750.00, siendo el tanto por ciento del 6 %.

44.-Una suma de dinero impuesta durante 1 año vale junto con sus intereses $2,100.00. La misma suma impuesta durante 4 años al mismo tanto por ciento de interés vale con sus intereses $2,400.00. ¿Cuál es la suma impuesta y cuál es el tanto por ciento?

45.- La Empresa Piñeira se constituyó para la explotación de la industria de la Piña y dividió su capital en tres partes. La primera la dedicó a la siembra de la fruta, obteniendo durante 4 años una utilidad del 6% anual del dinero invertido. La segunda que era precisamente igual a la primera parte la dedicó a la compra de la fruta de otras personas, obteniendo durante 6 años una utilidad del 7% anual del dinero invertido. La tercera parte del capital, que era el doble de la segunda parte la dedicó a la fabricación de productos de Piña, obteniendo durante 12 años una utilidad del 9% anual del dinero invertido. Si el total de las utilidades fue de $112,800.00 ¿Cuál será el capital y que parte que dedicó a cada operación?

46.- Ángel Valdivia impone cierta cantidad al 3,5% de interés anual. Al cabo de 6 años y 3 meses saca esta suma y la impone con sus intereses producidos al 6% anual. ¿Qué cantidad había impuesta al 3,5% si ahora recibe un rédito anual de $540.00?

47.- Dos capitales iguales están impuestos, el primero al 4% y el segundo al 5%. Si el segundo capital devenga $50.00 de interés más que el primero. ¿Cuáles son estos capitales?

48.- Cuanto tiempo necesita un capital de $1,600.00 para producir un interés de $ 840.50 al 6% anual.

49.- El 10 de Octubre de 2011 pedí prestado $ 2,000.00, el 20 de Febrero de 2013 pagué sus intereses por $ 50.00 ¿A qué tanto por ciento era el préstamo?

50.- Se impusieron $ 5,040.00 a préstamo el día 5 de Agosto de 2004 para recibir $1,428.00 de interés el 20 de Febrero de 2008.

Calcule el tipo de préstamo.

51.- Calcule el tipo de imposición de un capital de $ 3,000.00 impuesto el 20 de noviembre de 2008, si el 12 de Agosto de 2012 se ha recibido un monto de $ 4,500.00

52.- ¿A qué tanto por ciento de interés bimestral se invierte un capital de $10,000.00 si al cabo de 3,5 años alcanza un montante de $12,000.00?

53.- Impuesto al 7% el 30 de Septiembre de 1990 y retirado el 25 de Marzo de 1996, un capital devenga $ 458.80 de interés.

¿Cuál es el principal?

54.- Qué capital impuesto al 9% por 124 días da un monto de $ 3, 134.24.

55.- Qué día se pagaron $ 7.20 de interés devengado al 6% por $ 480.00. Se prestaron el 4 de Junio.

56.- Pagué $11.18 como interés correspondiente a $ 865.20 al 5%. Calcule el día del préstamo habiéndose hecho el pago el 5 de Agosto.

57.- Prestamos hoy $35,000.00 al 8% de interés anual y al cabo de cierto tiempo nos devuelven por capital e interés $ 44,100,00. ¿Por cuánto tiempo lo hemos prestado?

58.- Tres capitales más sus intereses suman respectivamente $ 4,420.00, $ 4,836.00 y $ 8,052.00. El primero fue impuesto al 4% durante un año, el segundo al 3% durante 3 meses y el tercero al 5% durante 2 meses y 12 días. Calcule los 3 capitales.

59.- A 10 años de haberse dedicado al comercio un individuo deja sus operaciones mercantiles para disfrutar de la rentabilidad de $ 12,000.00 que le proporciona El Capital colocado al 6 %. ¿Cuál será dicho capital?

60.- Calcular El interés producido por un capital de $ 60,000.00 durante 9 meses con un interés anual del 15 %.

61.- ¿Cuánto tiempo necesita un capital de $ 1,565.00 para producir un interés de $834.00 al 7 % anual?

62.- Sean los capitales $ 10,000.00, $ 20,000.00 y $ 70,000.00 invertidos al 4 %, 6 % y 8 % respectivamente durante 2 años. Calcular El tipo de interés medio de las operaciones.

EJERCICIOS DE INTERES COMPUESTO

63.- Hallar el monto compuesto de $ 3 000.00 en 6 años y 3 meses al 5%.

64.- Una cierta cantidad es invertida por 6 años y 7 meses al 6%, acumulándose mensualmente. Diga el número de períodos de acumulación.

65.-Una persona obtiene $ 600.00 en préstamo aceptando pagar el capital con interés del 4%, convertible semestralmente. ¿ Cuánto debe al final de 4 años?.

66.- El 1ro de Febrero de 1988 se obtuvo un préstamo de $2 000.00 al 8%, convertible (acumulándose) trimestralmente. ¿Cuánto pagó al final si el pago se efectuó el 1ro. de mayo del año 1995 ?

67.- Hallar el monto compuesto y los intereses compuestos de $ 4 000.00 al 5% en 3 años.

68.- ¿En cuánto se convertirá un capital de $ 3 500.00 al 4% de interés compuesto en 8 años y 3 meses?

69.-¿ En cuánto se convertirá un capital de $ 4 500.00 colocado al 6% anual de interés compuesto durante 3 años si los intereses se acumulan por semestre?.

70.-¿ Cuál será el monto compuesto de $3600,00 al 5% al cabo de 35 año?.

71.- Un padre desea imponer al nacimiento de su hijo una suma suficiente para que cuando cumpla 21 años pueda comprar propiedades por valor de $10 000.00. El interés es del 5%. ¿Cuál será la suma?

72.- Un padre al nacimiento de su hijo deposita en el banco la cantidad de $5 000.00. El banco le abona el 6% nominal acumulado cada 4 meses. Cinco años más tarde nace una niña y divide el monto del depósito en dos partes: el 30% para el hijo y el 70% para la hija. ¿Qué cantidad tendrá cada uno cuando cumplan 21 años?

73.- En una ciudad el crecimiento del número de automóviles ha sido del 6% anual como promedio en los últimos 5 años. De continuar la tendencia, ¿Cuál será el número de automóviles que circularán dentro de 10 años si actualmente circulan 2 000 000 de vehículos?

74.- Un capital de $ 10 000,00 se acumula durante 30 años. El interés durante los 10 primeros años es del 5%, durante los 10 años siguientes es del 6%, y en el resto de los años del 7%.

a) ¿Qué capital se tendrá al finalizar el tiempo?

b) Si la frecuencia de acumulación fuera de 2 al año. ¿Cuánto tendrá al finalizar el período? Llegue a una conclusión

75.- Se abrió una cuenta de ahorro por $ 5 000.00, ganando interés compuesto al 4% anual acumulándose cada 3 meses. Cinco años después se cambia la tasa para un 3% convertible cada 4 meses. ¿Cuánto habrá en la cuenta 7 años después del cambio en la tasa?

76.- Una persona desea depositar $ 5 000.00 en un banco popular de ahorros. El primer banco que visita le ofrece una tasa de interés compuesto del 6% anual, acumulándose semestralmente. El segundo banco le ofrece una tasa del 4% acumulable trimestralmente. Si desea obtener la mayor suma posible al cabo de 5 años ¿En qué banco realizará el depósito?

77.- Un comerciante deposita en el banco la suma ascendente a $ 8 000.00 a un 6% de interés nominal acumulándose cada 4 meses. Al cabo de 3 años nace su primer hijo y entonces decide dividir el monto en dos partes, el 60% para el niño y el 40% para él. ¿Qué cantidad tendrá cada uno cuando el niño tenga 16 años?

78.- Dos personas han impuesto juntas la cantidad de $ 5 000.00 al 6% de interés anual. Al cabo de 5 años una de ellas decide sacar los intereses acumulados. Si el monto hasta el momento es de $ 4 000.00 para una de ellas y de $ 2 500.00 para el segundo depositante.

¿Cuál fue el capital impuesto por cada una si sabemos que el interés se acumula semestralmente, y cuál fue la cantidad recibida por concepto de interés?

79.- Al nacer un niño su padre deposita $ 1 000.00 en un banco que abona el 5% de interés anual. Diez años después hace un nuevo depósito en otro banco por $2 000.00 al 6% de interés anual. Cinco años más tarde extrae $1 000.00 de cada una de las cuentas y cuando su hijo cumple 21 años, le entrega el importe de ambas cuentas. ¿Qué cantidad recibe el hijo?-

80.- Un padre desea imponer al nacimiento de su hijo, una suma suficiente para que cuando cumpla 21 años pueda comprar propiedades por $ 10 000.00. El primer banco que visita le ofrece una tasa de interés del 5% acumulándose anualmente, el segundo banco le ofrece una tasa de interés del 4% acumulándose semestralmente.

¿En cuál banco depositará su dinero y a cuánto ascenderá el depósito en cada uno de ellos?

81.- Un padre lleva a un banco de ahorros, al nacer su hijo la cantidad de $1 000.00. Diez años más tarde hace un nuevo depósito de $ 25 000.00 y 4 años más después saca del banco $ 3 000.00. ¿Cuánto hereda su hijo si el padre muere 8 años después de realizada la última operación y el banco ha estado pagando el 4% de interés anual?

82.- Una persona regala a su esposa, en el primer aniversario de su boda, una suma que invertida al 6% de interés nominal acumulable por trimestre, produzca en 10 años, , un interés de $ 2 400.00 al semestre. ¿Cuál fue el regalo?

83.- Busque el monto y el interés compuesto de $ 790.83 en 2 años y 11 meses al 7%.

84.- ¿Cuál es el interés compuesto de $ 8 000.00 impuesto durante 4 años y 4 meses al 6%?

85.- ¿Cuánto importará $ 720.00 en 10 años, 9 meses y 4 días al 5% de interés compuesto.

86.- ¿Cuánto importará $ 1 840.00 al 8% de interés capitalizado cada 6 meses:

a) al cabo de 4 años.

b) al cabo de 7 años, 10 meses y 20 días.

87.- ¿Cuál es el capital que impuesto al 5% de interés compuesto durante 3 años se ha convertido en $ 18 522.00 ?.

88-¿Qué capital debe imponerse a interés compuesto, a razón del 6% por semestre, para que produzca $ 857.25 en 15 años y 6 meses ?.

89.- Al cabo de 10 años y 5 meses un capital impuesto al 6% de interés compuesto importa $ 26 772.96. ¿Cuál es dicho capital?

90.-¿ Cuál es el valor actual de $ 62 500.00 debidos dentro de 16 años al 9% de interés compuesto anual ?.

91.- Para saldar una cuenta de $ 8 160.00, un negociante entrega una letra de cambio de $10 285.31, pagaderas dentro de 5 años, pagando el 6% de interés compuesto anual. ¿Cuánto debe todavía?

92.-¿ Cuál es el capital que colocado a interés compuesto durante 10 años al 5%, llega a valer $ 12 640.00.

93.- Las ventas al menudeo han incrementado a razón de 3% anual. Si el número de unidades vendidas fue de 100 000 en el año. ¿ Cuáles serán las ventas estimadas para dentro de 5 años si se mantiene el ritmo de crecimiento. ¿A cuánto ascenderá su valor si el precio de venta unitario es de $ 10.50 ?.

94- Una persona deposita $ 5 000.00 en una cuenta de ahorros que paga el 14% de interés anual acumulándolo semestralmente. Cuál será el importe reunido después de 28 meses?.

95.- Un país posee 5 refinerías para proveerse de combustibles. La producción actual es de 1 000 000 de barriles diarios y trabajan al 80% de su capacidad. Si el crecimiento promedio del consumo ha sido del 4% anual y se espera continúe. En qué tiempo requerirá dicho país poner en aplicación una nueva refinería.

96.- Un empresario obtuvo como resultado de las operaciones del ultimo año, utilidades ascendentes a $ 550.00 y quiere capitalizar ese valor. Al realizar un estudio de las condiciones del mercado observó que el rendimiento máximo que debe esperar si invierte esta cifra en la producción es del 18% anual. Pero si por el contrario deposita en el banco sus utilidades este le ofrecerá una tasa de interés compuesto anual del 8% acumulable cada 3 meses. Si desea que sus utilidades se valorasen durante 4 y 6 meses. ¿Cuál será la decisión más beneficiosa?

97.-¿ En cuánto se convertirá un capital de $ 9 500.00 impuesto durante 2 años y 7 meses, al 6% de interés compuesto anual ?.

98.-¿Qué tasa convertible anualmente es equivalente al 8% convertible trimestralmente?

99.- Hallar la tasa nominal convertible trimestralmente equivalente al 6% convertible semestralmente.

100.- Hallar la tasa nominal convertible mensualmente equivalente al 12% convertible semestralmente.

101.- Hallar la tasa efectiva equivalente a una tasa nominal del 6 % convertible semestralmente.

102.- Hallar la tasa efectiva equivalente a una tasa nominal del 8 % convertible mensualmente.

103.-Hallar la tasa nominal convertible semestralmente a la cual el monto de $2 500.00 es $ 3 250.00 en 5 años.

Preguntas Generales

104. Qué significa el término *valor del dinero en el tiempo?*

105.- Un estudiante se encuentra con una amiga en un bus que se dirige a la playa y le cuenta que está tomando un curso de ingeniería económica. Ella pregunta de qué se trata. Qué responde el estudiante?

106.- Enumere por lo menos tres criterios que podrían ser utilizados, además del dinero, para evaluar cada uno de los siguientes ítems: *(a)* calidad del servicio y de la comida en un restaurante de la vecindad; (b) un vuelo en un avión comercial; (c) un apartamento por el cual se podría firmar un contrato de arriendo de 1 año.

107.- Describa el concepto de equivalencia de tal forma que pueda entenderlo un psicólogo que trabaja como consejero personal en el departamento de recursos humanos de una gran corporación.

108.- Escriba entre media y una página sobre la forma como se entiende actualmente que la ingeniería económica tiene el mejor uso en un proceso de toma de decisiones que en general comprende factores económicos y no económicos.

109.- Describa dos situaciones independientes en la vida de una persona, en las cuales ésta ha tomado una decisión, habiendo una suma significativa de dinero involucrada. En la medida posible, haga un análisis de los resultados observados en una de las dos situaciones y presente la otra en términos de decidir sobre una acción futura.

110.- Explique la forma como se utilizaría el enfoque de solución de problemas para considerar los factores económicos y no económicos en la siguiente situación: Cuatro amigos desean ir a un largo viaje durante el próximo descanso de primavera. Actualmente hay tres alternativas: un crucero por el Caribe, un viaje a esquiar en un nuevo refugio en la montaña y un viaje a acampar en un parque desierto inexplorado. Suponga que un joven es presidente del capítulo de estudiantes de su sociedad profesional este año. Enumere los factores económicos e intangibles que el joven consideraría más importantes para aplicar al decidir entre dos alternativas recomendadas por su comité ejecutivo: (1) el banquete tradicional de fin de semestre para miembros y personas invitadas de la facultad o (2) una reunión más informal en la noche de fin de semestre invitando a la facultad a analizar y evaluar la calidad de la educación en el departamento. En la discusión informal se servirán bocadillos por cuenta del capítulo. El joven no planea realizar ambos eventos; solamente uno o ninguno.

111.- Considere las siguientes situaciones y determine si son apropiadas o no para utilizar las soluciones que ofrece el enfoque de estudio de ingeniería económica.

(a) Decidir si deben ser arrendadas dos máquinas para remplazar cinco máquinas que se poseen actualmente. Los empleados actuales pueden trabajar en cualquiera de las máquinas.

(b) Determinar si a un estudiante le conviene vivir en una residencia en el campus universitario con un amigo de secundaria o vivir por fuera del campus con tres amigos nuevos.

(c) Decidir entre dos estrategias de hipoteca diferentes para la primera casa de una persona: hipoteca a 15 años o a 30 años, si la tasa de interés a 15 años es 1% más baja.

(d) Decidir hacer un posgrado en ingeniería económica o cambiarse a administración.

(e) Arrendar un automóvil o comprarlo.

(f) Pagar un saldo de la tarjeta de crédito estudiantil que tiene una tasa de interés especialmente baja del 14%, o pagar el mínimo y prometer invertir la suma restante cada mes dentro de un retorno esperado entre el 10% y el 15% anual.

112.- Explique los términos *interés, tasa de interés y periodo de interés*.

113.- El tío de Pedro le ha ofrecido realizar cinco depósitos anuales de $700 en una cuenta a nombre de éste empezando ahora. Pedro ha acordado no retirar dinero alguno hasta el linal del año 9, cuando tiene planeado retirar $3000. Además planea retirar la suma restante en tres pagos iguales al final del año después del retiro inicial para cerrar la cuenta. Indique en un diagrama los flujos de efectivo para Pedro y para su tío.

114.- Jaime desea invertir con un retorno anual del 8%, de manera que dentro de 6 años él pueda retirar una suma F en una suma global. Él ha desarrollado los siguientes planes alternativos. (a) Depositar $350 ahora y luego durante 3 años a partir de la fecha. (b) Depositar $125 anualmente empezando el próximo año y terminando en el año 6. Dibuje el diagrama de flujo de efectivo para cada plan si se espera determinar F en el año 6.

115.- Construya un diagrama de flujo de efectivo que ayudará a una persona a calcular el valor equivalente actual de un gasto de $850 anuales durante 6 años, el cual empieza dentro de 3 años, si la tasa de interés es 13% anual.

116.- Desarrolle un diagrama de flujo de efectivo para la siguiente situación: Pagos de igual suma durante 4 años empezando 1 año a partir del momento actual equivalen a gastar $4500 ahora, $3300 dentro de tres años y $6800 cinco años a partir de ahora si la tasa de interés es 8% anual.

117.- Encuentre el valor numérico correcto para los siguientes factores de las tablas de interés:

1. *(F/P, 10%,28)*
2. (A/F,1%,1)
3. *(A/p,30%,22)*
4. *(P/A, 10%,25)*
5. *(P/F,16%,35)*

118.- Cuál es el valor presente de un costo futuro de $7000 en el año 20 si la tasa de interés es 15% anual?

119.- Una pareja de casados está planeando comprar un nuevo vehículo para un negocio de deportes dentro de cinco años. Ellos esperan que el vehículo cueste $32,000 en el momento de la compra. Si ellos desean que la cuota inicial sea la mitad del costo, Cuánto deben ahorrar cada año si pueden obtener 10% anual sobre sus ahorros?

120.- Cuánto dinero puede una persona obtener en préstamo ahora si promete rembolsarlo en 10 pagos de final de año de $3000, empezando dentro de un año, a una tasa de interés del 18% anual?

121.- Si una persona obtiene en préstamo $11,000 ahora para comprar una moto de 250 CC, Cuánto tendrá que pagar al final del año 3 para cancelar el préstamo si hace un pago de $3000 al final del año 1? Supóngase que $i = 10\%$ anual.

122.- Una tienda de descuento de muebles está planeando una expansión que costará $250,000 dentro de tres años. Si la compañía planea reservar dinero al final de cada uno de los próximos 3 años, Cuánto debe reservar en el año 1 si cada uno de los siguientes dos depósitos será el doble que el primero? Supóngase que los depósitos ganarán intereses del 10% anual.

123.- Halle el valor presente de una serie de flujos de efectivo que empieza en $800 en el año 1 y aumenta en 10% anual durante 20 años. Suponga que la tasa de interés es de 10% anual.

124.- A un empresario le acaban sugerir la compra de acciones en la compañía GRQ. Cada acción es vendida a $25. Si compra 500 acciones y éstas aumentan a $30 por acción en 2 años, ¿qué tasa de retorno obtendrá en su inversión?

125.- ¿Cuánto tarda multiplicar por cinco un monto inicial de dinero a una tasa de interés del 17% anual?

126.- Cuál es la diferencia entre una tasa de interés nominal y una simple?

127.- Qué significa *(a)* periodo de interés y *(b)* periodo de pago?

128.- Cuál es la tasa de interés nominal mensual para una tasa de interés de *(a)* 0.50% cada 2 días y *(b)* 0.1% diario? Suponga que el mes tiene 30 días.

129.- Cuáles son las tasas de interés nominales y efectivas anuales para una tasa de interés de 0.015% diario?

130.- Qué tasa nominal mensual es equivalente a un 20% nominal anual compuesto diariamente? Suponga que hay 30.42 días en el mes y 365 días en el año.

131.- ¿Qué tasa de interés efectiva trimestral es equivalente a un 12% nominal anual compuesto mensualmente?

132.- Como una táctica para atraer depositantes, un banco ha ofrecido a los clientes tasas de interés que aumentan con el tamaño del depósito. Por ejemplo, de $1000 hasta $9999 la tasa de interés ofrecida es del 8% anual. Por encima de $10,000, la tasa es del 9% anual compuesto continuamente. Dado que sólo cuenta con $9000 para depositar, una persona está pensando en obtener en préstamo $1000 de un fondo de crédito cooperativo de manera que tendrá $10,000 y será capaz de aprovechar la tasa de interés más alta. ¿Cuál es la tasa de interés efectiva anual máxima que podría pagar sobre los $1000 prestados que haría que su plan de endeudarse fuera al menos tan atractivo como no hacerlo?

133.- Determine la cantidad de dinero que debe depositar una persona dentro de 3 años para poder retirar $10,000 anualmente durante 10 años empezando dentro de 15 años, si la tasa de interés es del 11% anual?

134.- Cuánto dinero se tendría que depositar durante 5 meses consecutivos empezando dentro de 2 años si se desea poder retirar $50,000 dentro de 12 años? Suponga que la tasa de interés es del 6% nominal anual compuesto mensualmente

135.- Cuánto dinero se tendrá que depositar cada mes empezando dentro de 5 meses si se desea tener $5000 dentro de tres años, suponiendo que la tasa de interés es del 8% nominal anual compuesto mensualmente?

136.- Calcule el valor presente (en el tiempo 0) de un arrendamiento que exige un pago ahora de $20,000 y cantidades que aumentan en 6% anualmente. Suponga que el arriendo dura un total de 10 años. Utilice una tasa de interés del 14% anual

137.- Calcule el valor presente de una máquina que cuesta $55,000 y tiene una vida de 8 años con un valor de salvamento de $10,000. Se espera que el costo de operación de la máquina sea de $10,000 en el año 1 y $11,000 en el año 2, con cantidades que aumentan en 10% anualmente a partir de entonces. Utilice una tasa de interés del 15% anual.

138.- Si una persona empieza una cuenta bancaria depositando $2000 dentro de seis meses, cuánto tiempo le tomará agotar la cuenta si empieza a retirar dinero dentro de un año de acuerdo con el siguiente plan: retira $500 el primer mes, $450 el segundo mes, $400 el siguiente mes y cantidades que disminuyen en $50 por mes hasta que la cuenta se agota? Suponga que la cuenta gana un interés a una tasa del 12% nominal anual compuesto mensualmente.

139.- La propietaria de una vivienda que está reconstruyendo sus baños está tratando de decidir entre sanitarios que utilizan poca agua para vaciarse (13 litros por descarga) y sanitarios ultra ahorradores de agua (6 litros por descarga). En el color de sanitario que ella desea, el almacén tiene solamente un modelo de cada uno.

El modelo económico que usa poca agua costará $90 y el modelo ultraeconómico costará $150. Si el costo del agua es $1.50 por 4000 litros, determine cuál sanitario debe comprar con base en un análisis de valor presente utilizando una tasa de interés de 10% anual. Suponga que los sanitarios serán soltados en promedio 10 veces al día y serán reemplazados en 10 años.

140.- El supervisor de una piscina de un club campestre está tratando de decidir entre dos métodos para agregar el cloro. Si agrega cloro gaseoso, se requerirá un clorinador, que tiene un costo inicial de $8000 y una vida útil de 5 años. El cloro costará $200 por año y el costo de la mano de obra será de $400 anual. De manera alternativa, puede agregarse cloro seco manualmente a un costo de $500 anuales para el cloro y $1500 anuales para la mano de obra. Si la tasa de interés es del 8% anual, ¿cuál método debe utilizarse con base en el análisis de valor presente?

141.- Dos tipos de materiales pueden ser utilizados para entejar una construcción comercial que tiene 1500 metros cuadrados de techo. Las tejas de asfalto costarán $14 por metro cuadrado instalado y se garantizan por 10 años. Las tejas de fibra de vidrio costarán $17 por metro cuadrado instalado, pero se garantizan por 20 años. Si se seleccionan las tejas de fibra de vidrio, el propietario podrá vender el edificio por $2500 más que si se utilizan tejas de asfalto.

Cuáles tejas deben utilizarse si la tasa mínima atractiva de retorno es 17% anual y el propietario piensa vender el edificio en (a) 12 años? *(b) 8* años?

142.- La Compañía ABC está considerando dos tipos de revestimiento para su propuesta de nueva construcción. El revestimiento de metal anodizado requerirá muy poco mantenimiento y las pequeñas reparaciones costarán solamente $500 cada 3 años. El costo inicial del revestimiento será $250,000. Si se utiliza un revestimiento de concreto, el edificio tendrá que ser pintado ahora y cada 5 años a un costo de $80,000. Se espera que el edificio tenga una vida útil de 15 años y el "valor de salvamento" será $25,000 más alto que si se utilizara revestimiento de metal. Compare los valores presentes de los dos métodos a una tasa de interés del 15% anual.

143.- Se espera que el costo inicial de un pequeño embalse sea de $3 millones. Se estima que el costo de mantenimiento anual sea de $10,000 por año; se requiere un desembolso de $35,000 cada 5 años. Además, será necesario efectuar un gasto de $5000 en el año 10, aumentando en $1000 anualmente hasta el año 20, después de lo cual éste permanecerá constante. Si se espera que el embalse dure para siempre, ¿cuál será su costo capitalizado a una tasa de interés del 10% anual?

144.- La máquina *A* tiene un costo inicial de $5000, una vida de 3 años y valor de salvamento de cero. La máquina *B* tiene un costo inicial de $12,000, una vida de 6 años y un valor de salvamento de $3000. ¿Qué periodo de tiempo debe utilizarse para encontrar (a) el valor presente de la máquina *A*? (b) el valor anual de la máquina *A*? (c) el valor anual de la máquina *B*?

145.- Un contratista compró una grúa usada por $9000. Su costo de operación será $2300 anuales y él espera venderla por $6000 dentro de cinco años. ¿Cuál es el valor anual equivalente de la grúa a una tasa de interés del 12% de acuerdo con el método del fondo de amortización de salvamento?

146.- Una empresa de servicios públicos está tratando de decidir entre dos tamaños diferentes de tubería para una nueva fuente de agua. Una línea de 250 mm tendrá un costo inicial de $35,000, mientras que una línea de 300 mm costará $55,000. Dado que hay más pérdida de cabeza a través del tubo de 250 mm, se espera que el costo de bombeo para la línea de menor tamaño sea $3000 por año más que para la línea de 300 mm. Si se espera que las tuberías duren 20 años, cuál tamaño debe seleccionarse si la tasa de interés es de 13% anual? Utilice un análisis de valor anual.

147.- La tasa de retorno se define como el interés pagado o recibido sobre qué valor?

148.- Sí una compañía gasta $12,000 ahora y $5000 anualmente durante 10 años, efectuando el primer gasto de $5000 dentro de 4 años, ¿qué tasa de retorno obtendría si su ingreso fuera $4000 anuales empezando en el año 8 y continuando hasta el año 25?

149.- Un inversionista de bienes raíces compró una propiedad por $90,000 en efectivo, arrendando luego la casa por $1000 mensual.
Al final del año 2, el arrendatario se mudó y el inversionista gastó $8000 en remodelación. Le tomó 6 meses vender la casa por $105,000. Tuvo que pagar a una agencia inmobiliaria el 6% del precio de venta y proporcionar una póliza del título por $1200. ¿Qué tasa de retorno obtuvo el inversionista sobre su inversión?

150.- ¿Cuál es el rango de valores posibles cuando se resuelve una ecuación de tasa de retorno? ¿Qué significado tiene una tasa de retorno del 100%?

151.- ¿Cuál es la diferencia entre beneficios negativos y costos?

152.- Clasifique los siguientes ítems como beneficios positivos, negativos o costos:

(a) Menos desgaste de llantas en los automóviles y camiones debido a una superficie de carretera más plana.

(b) Pérdida de ingresos en los negocios locales debido al nuevo trazado de rutas del tráfico hacia la autopista interestatal.

(c) Impacto adverso del entorno debido a una operación de tala de árboles deficientemente controlada.

(d) Ingreso para alojamientos locales a partir de la ampliación de temporada del parque nacional.

(e) Costo del pescado proveniente de criaderos manejados por el gobierno para almacenar truchas.

(f) Mayor uso recreacional del lago debido a un mejor acceso a las carreteras.

(g) Disminución en los valores de la propiedad debido al cierre de un laboratorio de investigación nacional.

(h) Gastos asociados con la construcción de un dique de control de inundaciones.

153.- Se espera que el costo inicial de calificar y regar gravilla en una carretera rural corta sea de $700,000. El costo de mantenimiento de la carretera será de $25,000 por año. Aunque la carretera nueva no es muy suave, permite acceso a un área a la cual anteriormente sólo podía llegarse en camperos. Esta mayor accesibilidad ha conducido a un incremento del 200% en los valores de la propiedad a lo largo de la carretera. Si el valor de mercado anterior de la propiedad era de $400,000, calcule (a) la razón B/C convencional y (b) la razón B/C modificada para la carretera, utilizando una tasa de interés del 8% anual y un periodo de estudio de 20 años

ANEXO D:
Tablas de Factores de Interés

Tabla 1: Interés = 0.25%

0,25%	Flujo de efectivo discreto: Factores de interés compuesto							0,25%
	Pagos Únicos		Pagos de serie uniforme				Gradientes aritméticos	
n	Cantidad compuesta F/P	Valor presente P/F	Factor de amortización A/F	Cantidad compuesta F/A	Recuperación de capital A/P	Valor Presente P/A	Gradiente de valor presente P/G	Gradiente de serie anual A/G
1	1,0025	0,9975	1,00000	1,0000	1,00250	0,9975		
2	1,0050	0,9950	0,49938	2,0025	0,50188	1,9925	0,9950	0,4994
3	1,0075	0,9925	0,33250	3,0075	0,33500	2,9851	2,9801	0,9983
4	1,0100	0,9901	0,24906	4,0150	0,25156	3,9751	5,9503	1,4969
5	1,0126	0,9876	0,19900	5,0251	0,20150	4,9627	9,9007	1,9950
6	1,0151	0,9851	0,16563	6,0376	0,16813	5,9478	14,8263	2,4927
7	1,0176	0,9827	0,14179	7,0527	0,14429	6,9305	20,7223	2,9900
8	1,0202	0,9802	0,12391	8,0704	0,12641	7,9107	27,5839	3,4869
9	1,0227	0,9778	0,11000	9,0905	0,11250	8,8885	35,4061	3,9834
10	1,0253	0,9753	0,09888	10,1133	0,10138	9,8639	44,1842	4,4794
11	1,0278	0,9729	0,08978	11,1385	0,09228	10,8368	53,9133	4,9750
12	1,0304	0,9705	0,08219	12,1664	0,08469	11,8073	64,5886	5,4702
13	1,0330	0,9681	0,07578	13,1968	0,07828	12,7753	76,2053	5,9650
14	1,0356	0,9656	0,07028	14,2298	0,07278	13,7410	88,7587	6,4594
15	1,0382	0,9632	0,06551	15,2654	0,06801	14,7042	102,2441	6,9534
16	1,0408	0,9608	0,06134	16,3035	0,06384	15,6650	116,6567	7,4469
17	1,0434	0,9584	0,05766	17,3443	0,06016	16,6235	131,9917	7,9401
18	1,0460	0,9561	0,05438	18,3876	0,05688	17,5795	148,2446	8,4328
19	1,0486	0,9537	0,05146	19,4336	0,05396	18,5332	165,4106	8,9251
20	1,0512	0,9513	0,04882	20,4822	0,05132	19,4845	183,4851	9,4170
21	1,0538	0,9489	0,04644	21,5334	0,04894	20,4334	202,4634	9,9085
22	1,0565	0,9466	0,04427	22,5872	0,04677	21,3800	222,3410	10,3995
23	1,0591	0,9442	0,04229	23,6437	0,04479	22,3241	243,1131	10,8901
24	1,0618	0,9418	0,04048	24,7028	0,04298	23,2660	264,7753	11,3804
25	1,0644	0,9395	0,03881	25,7646	0,04131	24,2055	287,3230	11,8702
26	1,0671	0,9371	0,03727	26,8290	0,03977	25,1426	310,7516	12,3596
27	1,0697	0,9348	0,03585	27,8961	0,03835	26,0774	335,0566	12,8485
28	1,0724	0,9325	0,03452	28,9658	0,03702	27,0099	360,2334	13,3371
29	1,0751	0,9301	0,03329	30,0382	0,03579	27,9400	386,2776	13,8252
30	1,0778	0,9278	0,03214	31,1133	0,03464	28,8679	413,1847	14,3130
36	1,0941	0,9140	0,02658	37,6206	0,02908	34,3865	592,4988	17,2306
40	1,1050	0,9050	0,02380	42,0132	0,02630	38,0199	728,7399	19,1673
48	1,1273	0,8871	0,01963	50,9312	0,02213	45,1787	1040,0552	23,0209
50	1,1330	0,8826	0,01880	53,1887	0,02130	46,9462	1125,7767	23,9802
52	1,1386	0,8782	0,01803	55,4575	0,02053	48,7048	1214,5885	24,9377
55	1,1472	0,8717	0,01698	58,8819	0,01948	51,3264	1353,5286	26,3710
60	1,1616	0,8609	0,01547	64,6467	0,01797	55,6524	1600,0845	28,7514
72	1,1969	0,8355	0,01269	78,7794	0,01519	65,8169	2265,5569	34,4221
75	1,2059	0,8292	0,01214	82,3792	0,01464	68,3108	2447,6069	35,8305
84	1,2334	0,8108	0,01071	93,3419	0,01321	75,6813	3029,7592	40,0331
90	1,2520	0,7987	0,00992	100,7885	0,01242	80,5038	3446,8700	42,8162
96	1,2709	0,7869	0,00923	108,3474	0,01173	85,2546	3886,2832	45,5844
100	1,2836	0,7790	0,00881	113,4500	0,01131	88,3825	4191,2417	47,4216
108	1,3095	0,7636	0,00808	123,8093	0,01058	94,5453	4829,0125	51,0762
120	1,3494	0,7411	0,00716	139,7414	0,00966	103,5618	5852,1116	56,5084
132	1,3904	0,7192	0,00640	156,1582	0,00890	112,3121	6950,0144	61,8813
144	1,4327	0,6980	0,00578	173,0743	0,00828	120,8041	8117,4133	67,1949
240	1,8208	0,5492	0,00305	328,3020	0,00555	180,3109	19398,9852	107,5863
360	2,4568	0,4070	0,00172	582,7369	0,00422	237,1894	36263,9299	152,8902
480	3,3151	0,3016	0,00108	926,0595	0,00358	279,3418	53820,7525	192,6699

Tabla 2: Interés = 0.50%

0,50%	Flujo de efectivo discreto: Factores de interés compuesto							0,50%
	Pagos Únicos		Pagos de serie uniforme				Gradientes aritméticos	
n	Cantidad compuesta F/P	Valor presente P/F	Factor de amortización A/F	Cantidad compuesta F/A	Recuperación de capital A/P	Valor Presente P/A	Gradiente de volor presente P/G	Gradiente de serie anual A/G
1	1,0050	0,9950	1,00000	1,0000	1,00500	0,9950		
2	1,0100	0,9901	0,49875	2,0050	0,50375	1,9851	0,9901	0,4988
3	1,0151	0,9851	0,33167	3,0150	0,33667	2,9702	2,9604	0,9967
4	1,0202	0,9802	0,24813	4,0301	0,25313	3,9505	5,9011	1,4938
5	1,0253	0,9754	0,19801	5,0503	0,20301	4,9259	9,8026	1,9900
6	1,0304	0,9705	0,16460	6,0755	0,16960	5,8964	14,6552	2,4855
7	1,0355	0,9657	0,14073	7,1059	0,14573	6,8621	20,4493	2,9801
8	1,0407	0,9609	0,12283	8,1414	0,12783	7,8230	27,1755	3,4738
9	1,0459	0,9561	0,10891	9,1821	0,11391	8,7791	34,8244	3,9668
10	1,0511	0,9513	0,09777	10,2280	0,10277	9,7304	43,3865	4,4589
11	1,0564	0,9466	0,08866	11,2792	0,09366	10,6770	52,8526	4,9501
12	1,0617	0,9419	0,08107	12,3356	0,08607	11,6189	63,2136	5,4406
13	1,0670	0,9372	0,07464	13,3972	0,07964	12,5562	74,4602	5,9302
14	1,0723	0,9326	0,06914	14,4642	0,07414	13,4887	86,5835	6,4190
15	1,0777	0,9279	0,06436	15,5365	0,06936	14,4166	99,5743	6,9069
16	1,0831	0,9233	0,06019	16,6142	0,06519	15,3399	113,4238	7,3940
17	1,0885	0,9187	0,05651	17,6973	0,06151	16,2586	128,1231	7,8803
18	1,0939	0,9141	0,05323	18,7858	0,05823	17,1728	143,6634	8,3658
19	1,0994	0,9096	0,05030	19,8797	0,05530	18,0824	160,0360	8,8504
20	1,1049	0,9051	0,04767	20,9791	0,05267	18,9874	177,2322	9,3342
21	1,1104	0,9006	0,04528	22,0840	0,05028	19,8880	195,2434	9,8172
22	1,1160	0,8961	0,04311	23,1944	0,04811	20,7841	214,0611	10,2993
23	1,1216	0,8916	0,04113	24,3104	0,04613	21,6757	233,6768	10,7806
24	1,1272	0,8872	0,03932	25,4320	0,04432	22,5629	254,0820	11,2611
25	1,1328	0,8828	0,03765	26,5591	0,04265	23,4456	275,2686	11,7407
26	1,1385	0,8784	0,03611	27,6919	0,04111	24,3240	297,2281	12,2195
27	1,1442	0,8740	0,03469	28,8304	0,03969	25,1980	319,9523	12,6975
28	1,1499	0,8697	0,03336	29,9745	0,03836	26,0677	343,4332	13,1747
29	1,1556	0,8653	0,03213	31,1244	0,03713	26,9330	367,6625	13,6510
30	1,1614	0,8610	0,03098	32,2800	0,03598	27,7941	392,6324	14,1265
36	1,1967	0,8356	0,02542	39,3361	0,03042	32,8710	557,5598	16,9621
40	1,2208	0,8191	0,02265	44,1588	0,02765	36,1722	681,3347	18,8359
48	1,2705	0,7871	0,01849	54,0978	0,02349	42,5803	959,9188	22,5437
50	1,2832	0,7793	0,01765	56,6452	0,02265	44,1428	1.035,6966	23,4624
52	1,2961	0,7716	0,01689	59,2180	0,02189	45,6897	1.113,8162	24,3778
55	1,3156	0,7601	0,01584	63,1258	0,02084	47,9814	1.235,2686	25,7447
60	1,3489	0,7414	0,01433	69,7700	0,01933	51,7256	1.448,6458	28,0064
72	1,4320	0,6983	0,01157	86,4089	0,01657	60,3395	2.012,3478	33,3504
75	1,4536	0,6879	0,01102	90,7265	0,01602	62,4136	2.163,7525	34,6679
84	1,5204	0,6577	0,00961	104,0739	0,01461	68,4530	2.640,6641	38,5763
90	1,5666	0,6383	0,00883	113,3109	0,01383	72,3313	2.976,0769	41,1451
96	1,6141	0,6195	0,00814	122,8285	0,01314	76,0952	3.324,1846	43,6845
100	1,6467	0,6073	0,00773	129,3337	0,01273	78,5426	3.562,7934	45,3613
108	1,7137	0,5835	0,00701	142,7399	0,01201	83,2934	4.054,3747	48,6758
120	1,8194	0,5496	0,00610	163,8793	0,01110	90,0735	4.823,5051	53,5508
132	1,9316	0,5177	0,00537	186,3226	0,01037	96,4596	5.624,5868	58,3103
144	2,0508	0,4876	0,00476	210,1502	0,00976	102,4747	6.451,3116	62,9551
240	3,3102	0,3021	0,00216	462,0409	0,00716	139,5808	13.415,5395	96,1131
360	6,0226	0,1660	0,00100	1.004,5150	0,00600	166,7916	21.403,3041	128,3236
480	10,9575	0,0913	0,00050	1.991,4907	0,00550	181,7476	27.588,3573	151,7949

Tabla 3: Interés = 0.75%

0,75%	Flujo de efectivo discreto: Factores de interés compuesto							0,75%
	Pagos Únicos		Pagos de serie uniforme				Gradientes aritméticos	
n	Cantidad compuesta F/P	Valor presente P/F	Factor de amortización A/F	Cantidad compuesta F/A	Recuperación de capital A/P	Valor Presente P/A	Gradiente de valor presente P/G	Gradiente de serie anual A/G
1	1,0075	0,9926	1,00000	1,0000	1,00750	0,9926		
2	1,0151	0,9852	0,49813	2,0075	0,50563	1,9777	0,9852	0,4981
3	1,0227	0,9778	0,33085	3,0226	0,33835	2,9556	2,9408	0,9950
4	1,0303	0,9706	0,24721	4,0452	0,25471	3,9261	5,8525	1,4907
5	1,0381	0,9633	0,19702	5,0756	0,20452	4,8894	9,7058	1,9851
6	1,0459	0,9562	0,16357	6,1136	0,17107	5,8456	14,4866	2,4782
7	1,0537	0,9490	0,13967	7,1595	0,14717	6,7946	20,1808	2,9701
8	1,0616	0,9420	0,12176	8,2132	0,12926	7,7366	26,7747	3,4608
9	1,0696	0,9350	0,10782	9,2748	0,11532	8,6716	34,2544	3,9502
10	1,0776	0,9280	0,09667	10,3443	0,10417	9,5996	42,6064	4,4384
11	1,0857	0,9211	0,08755	11,4219	0,09505	10,5207	51,8174	4,9253
12	1,0938	0,9142	0,07995	12,5076	0,08745	11,4349	61,8740	5,4110
13	1,1020	0,9074	0,07352	13,6014	0,08102	12,3423	72,7632	5,8954
14	1,1103	0,9007	0,06801	14,7034	0,07551	13,2430	84,4720	6,3786
15	1,1186	0,8940	0,06324	15,8137	0,07074	14,1370	96,9876	6,8606
16	1,1270	0,8873	0,05906	16,9323	0,06656	15,0243	110,2973	7,3413
17	1,1354	0,8807	0,05537	18,0593	0,06287	15,9050	124,3887	7,8207
18	1,1440	0,8742	0,05210	19,1947	0,05960	16,7792	139,2494	8,2989
19	1,1525	0,8676	0,04917	20,3387	0,05667	17,6468	154,8671	8,7759
20	1,1612	0,8612	0,04653	21,4912	0,05403	18,5080	171,2297	9,2516
21	1,1699	0,8548	0,04415	22,6524	0,05165	19,3628	188,3253	9,7261
22	1,1787	0,8484	0,04198	23,8223	0,04948	20,2112	206,1420	10,1994
23	1,1075	0,8421	0,04000	25,0010	0,04750	21,0533	224,6682	10,6714
24	1,1964	0,8358	0,03818	26,1885	0,04568	21,8891	243,8923	11,1422
25	1,2054	0,8296	0,03652	27,3849	0,04402	22,7188	263,8029	11,6117
26	1,2144	0,8234	0,03498	28,5903	0,04248	23,5422	284,3888	12,0800
27	1,2235	0,8173	0,03355	29,8047	0,04105	24,3595	305,6387	12,5470
28	1,2327	0,8112	0,03223	31,0282	0,03973	25,1707	327,5416	13,0128
29	1,2420	0,8052	0,03100	32,2609	0,03850	25,9759	350,0867	13,4774
30	1,2513	0,7992	0,02985	33,5029	0,03735	26,7751	373,2631	13,9407
36	1,3086	0,7641	0,02430	41,1527	0,03180	31,4468	524,9924	16,6946
40	1,3483	0,7416	0,02153	46,4465	0,02903	34,4469	637,4693	18,5058
48	1,4314	0,6986	0,01739	57,5207	0,02489	40,1848	886,8404	22,0691
50	1,4530	0,6883	0,01656	60,3943	0,02406	41,5664	953,8486	22,9476
52	1,4748	0,6780	0,01580	63,3111	0,02330	42,9276	1.022,5852	23,8211
55	1,5083	0,6630	0,01476	67,7688	0,02226	44,9316	1.128,7869	25,1223
60	1,5657	0,6387	0,01326	75,4241	0,02076	48,1734	1.313,5189	27,2665
72	1,7126	0,5839	0,01053	95,0070	0,01803	55,4768	1.791,2463	32,2882
75	1,7514	0,5710	0,00998	100,1833	0,01748	57,2027	1.917,2225	33,5163
84	1,8732	0,5338	0,00859	116,4269	0,01609	62,1540	2.308,1283	37,1357
90	1,9591	0,5104	0,00782	127,8790	0,01532	65,2746	2.577,9961	39,4946
96	2,0489	0,4881	0,00715	139,8562	0,01465	68,2584	2.853,9352	41,8107
100	2,1111	0,4737	0,00675	148,1445	0,01425	70,1746	3.040,7453	43,3311
108	2,2411	0,4462	0,00604	165,4832	0,01354	73,8394	3.419,9041	46,3154
120	2,4514	0,4079	0,00517	193,5143	0,01267	78,9417	3.998,5621	50,6521
132	2,6813	0,3730	0,00446	224,1748	0,01196	83,6064	4.583,5701	54,8232
144	2,9328	0,3410	0,00388	257,7116	0,01138	87,8711	5.169,5828	58,8314
240	6,0092	0,1664	0,00150	667,8869	0,00900	111,1450	9.494,1162	85,4210
360	14,7306	0,0679	0,00055	1.830,7435	0,00805	124,2819	13.312,3871	107,1145
480	36,1099	0,0277	0,00021	4.681,3203	0,00771	129,6409	15.513,0866	119,6620

Tabla 4: Interés = 1.00%

1,00%	Flujo de efectivo discreto: Factores de interés compuesto							1,00%
	Pagos Únicos		Pagos de serie uniforme				Gradientes aritméticos	
n	Cantidad compuesta F/P	Valor presente P/F	Factor de amortización A/F	Cantidad compuesta F/A	Recuperación de capital A/P	Valor Presente P/A	Gradiente de volor presente P/G	Gradiente de serie anual A/G
1	1,0100	0,9901	1,00000	1,0000	1,01000	0,9901		
2	1,0201	0,9803	0,49751	2,0100	0,50751	1,9704	0,9803	0,4975
3	1,0303	0,9706	0,33002	3,0301	0,34002	2,9410	2,9215	0,9934
4	1,0406	0,9610	0,24628	4,0604	0,25628	3,9020	5,8044	1,4876
5	1,0510	0,9515	0,19604	5,1010	0,20604	4,8534	9,6103	1,9801
6	1,0615	0,9420	0,16255	6,1520	0,17255	5,7955	14,3205	2,4710
7	1,0721	0,9327	0,13863	7,2135	0,14863	6,7282	19,9168	2,9602
8	1,0829	0,9235	0,12069	8,2857	0,13069	7,6517	26,3812	3,4478
9	1,0937	0,9143	0,10674	9,3685	0,11674	8,5660	33,6959	3,9337
10	1,1046	0,9053	0,09558	10,4622	0,10558	9,4713	41,8435	4,4179
11	1,1157	0,8963	0,08645	11,5668	0,09645	10,3676	50,8067	4,9005
12	1,1268	0,8874	0,07885	12,6825	0,08885	11,2551	60,5687	5,3815
13	1,1381	0,8787	0,07241	13,8093	0,08241	12,1337	71,1126	5,8607
14	1,1495	0,8700	0,06690	14,9474	0,07690	13,0037	82,4221	6,3384
15	1,1610	0,8613	0,06212	16,0969	0,07212	13,8651	94,4810	6,8143
16	1,1726	0,8528	0,05794	17,2579	0,06794	14,7179	107,2734	7,2886
17	1,1843	0,8444	0,05426	18,4304	0,06426	15,5623	120,7834	7,7613
18	1,1961	0,8360	0,05098	19,6147	0,06098	16,3983	134,9957	8,2323
19	1,2081	0,8277	0,04805	20,8109	0,05805	17,2260	149,8950	8,7017
20	1,2202	0,8195	0,04542	22,0190	0,05542	18,0456	165,4664	9,1694
21	1,2324	0,8114	0,04303	23,2392	0,05303	18,8570	181,6950	9,6354
22	1,2447	0,8034	0,04086	24,4716	0,05086	19,6604	198,5663	10,0998
23	1,2572	0,7954	0,03889	25,7163	0,04889	20,4558	216,0660	10,5626
24	1,2697	0,7876	0,03707	26,9735	0,04707	21,2434	234,1800	11,0237
25	1,2824	0,7798	0,03541	28,2432	0,04541	22,0232	252,8945	11,4831
26	1,2953	0,7720	0,03387	29,5256	0,04387	22,7952	272,1957	11,9409
27	1,3082	0,7644	0,03245	30,8209	0,04245	23,5596	292,0702	12,3971
28	1,3213	0,7568	0,03112	32,1291	0,04112	24,3164	312,5047	12,8516
29	1,3345	0,7493	0,02990	33,4504	0,03990	25,0658	333,4863	13,3044
30	1,3478	0,7419	0,02875	34,7849	0,03875	25,8077	355,0021	13,7557
36	1,4308	0,6989	0,02321	43,0769	0,03321	30,1075	494,6207	16,4285
40	1,4889	0,6717	0,02046	48,8864	0,03046	32,8347	596,8561	18,1776
48	1,6122	0,6203	0,01633	61,2226	0,02633	37,9740	820,1460	21,5976
50	1,6446	0,6080	0,01551	64,4632	0,02551	39,1961	879,4176	22,4363
52	1,6777	0,5961	0,01476	67,7689	0,02476	40,3942	939,9175	23,2686
55	1,7285	0,5785	0,01373	72,8525	0,02373	42,1472	1.032,8148	24,5049
60	1,8167	0,5504	0,01224	81,6697	0,02224	44,9550	1.192,8061	26,5333
72	2,0471	0,4885	0,00955	104,7099	0,01955	51,1504	1.597,8673	31,2386
75	2,1091	0,4741	0,00902	110,9128	0,01902	52,5871	1.702,7340	32,3793
84	2,3067	0,4335	0,00765	130,6723	0,01765	56,6485	2.023,3153	35,7170
90	2,4486	0,4084	0,00690	144,8633	0,01690	59,1609	2.240,5675	37,8724
96	2,5993	0,3847	0,00625	159,9273	0,01625	61,5277	2.459,4298	39,9727
100	2,7048	0,3697	0,00587	170,4814	0,01587	63,0289	2.605,7758	41,3426
108	2,9289	0,3414	0,00518	192,8926	0,01518	65,8578	2.898,4203	44,0103
120	3,3004	0,3030	0,00435	230,0387	0,01435	69,7005	3.334,1148	47,8349
132	3,7190	0,2689	0,00368	271,8959	0,01368	73,1108	3.761,6944	51,4520
144	4,1906	0,2386	0,00313	319,0616	0,01313	76,1372	4.177,4664	54,8676
240	10,8926	0,0918	0,00101	989,2554	0,01101	90,8194	6.878,6016	75,7393
360	35,9496	0,0278	0,00029	3.494,9641	0,01029	97,2183	8.720,4323	89,6995
480	118,6477	0,0084	0,00008	11.764,7725	0,01008	99,1572	9.511,1579	95,9200

Tabla 5: Interés = 2.00%

	Pagos Únicos		Pagos de serie uniforme				Gradientes aritméticos	
n	Cantidad compuesta F/P	Valor presente P/F	Factor de amortización A/F	Cantidad compuesta F/A	Recuperación de capital A/P	Valor Presente P/A	Gradiente de valor presente P/G	Gradiente de serie anual A/G
1	1,0200	0,9804	1,00000	1,0000	1,02000	0,9804		
2	1,0404	0,9612	0,49505	2,0200	0,51505	1,9416	0,9612	0,4950
3	1,0612	0,9423	0,32675	3,0604	0,34675	2,8839	2,8458	0,9868
4	1,0824	0,9238	0,24262	4,1216	0,26262	3,8077	5,6173	1,4752
5	1,1041	0,9057	0,19216	5,2040	0,21216	4,7135	9,2403	1,9604
6	1,1262	0,8880	0,15853	6,3081	0,17853	5,6014	13,6801	2,4423
7	1,1487	0,8706	0,13451	7,4343	0,15451	6,4720	18,9035	2,9208
8	1,1717	0,8535	0,11651	8,5830	0,13651	7,3255	24,8779	3,3961
9	1,1951	0,8368	0,10252	9,7546	0,12252	8,1622	31,5720	3,8681
10	1,2190	0,8203	0,09133	10,9497	0,11133	8,9826	38,9551	4,3367
11	1,2434	0,8043	0,08218	12,1687	0,10218	9,7868	46,9977	4,8021
12	1,2682	0,7885	0,07456	13,4121	0,09456	10,5753	55,6712	5,2642
13	1,2936	0,7730	0,06812	14,6803	0,08812	11,3484	64,9475	5,7231
14	1,3195	0,7579	0,06260	15,9739	0,08260	12,1062	74,7999	6,1786
15	1,3459	0,7430	0,05783	17,2934	0,07783	12,8493	85,2021	6,6309
16	1,3728	0,7284	0,05365	18,6393	0,07365	13,5777	96,1288	7,0799
17	1,4002	0,7142	0,04997	20,0121	0,06997	14,2919	107,5554	7,5256
18	1,4282	0,7002	0,04670	21,4123	0,06670	14,9920	119,4581	7,9681
19	1,4568	0,6864	0,04378	22,8406	0,06378	15,6785	131,8139	8,4073
20	1,4859	0,6730	0,04116	24,2974	0,06116	16,3514	144,6003	8,8433
21	1,5157	0,6598	0,03878	25,7833	0,05878	17,0112	157,7959	9,2760
22	1,5460	0,6468	0,03663	27,2990	0,05663	17,6580	171,3795	9,7055
23	1,5769	0,6342	0,03467	28,8450	0,05467	18,2922	185,3309	10,1317
24	1,6084	0,6217	0,03287	30,4219	0,05287	18,9139	199,6305	10,5547
25	1,6406	0,6095	0,03122	32,0303	0,05122	19,5235	214,2592	10,9745
26	1,6734	0,5976	0,02970	33,6709	0,04970	20,1210	229,1987	11,3910
27	1,7069	0,5859	0,02829	35,3443	0,04829	20,7069	244,4311	11,8043
28	1,7410	0,5744	0,02699	37,0512	0,04699	21,2813	259,9392	12,2145
29	1,7758	0,5631	0,02578	38,7922	0,04578	21,8444	275,7064	12,6214
30	1,8114	0,5521	0,02465	40,5681	0,04465	22,3965	291,7164	13,0251
36	2,0399	0,4902	0,01923	51,9944	0,03923	25,4888	392,0405	15,3809
40	2,2080	0,4529	0,01656	60,4020	0,03656	27,3555	461,9931	16,8885
48	2,5871	0,3865	0,01260	79,3535	0,03260	30,6731	605,9657	19,7556
50	2,6916	0,3715	0,01182	84,5794	0,03182	31,4236	642,3606	20,4420
52	2,8003	0,3571	0,01111	90,0164	0,03111	32,1449	678,7849	21,1164
55	2,9717	0,3365	0,01014	98,5865	0,03014	33,1748	733,3527	22,1057
60	3,2810	0,3048	0,00877	114,0515	0,02877	34,7609	823,6975	23,6961
72	4,1611	0,2403	0,00633	158,0570	0,02633	37,9841	1.034,0557	27,2234
75	4,4158	0,2265	0,00586	170,7918	0,02586	38,6771	1.084,6393	28,0434
84	5,2773	0,1895	0,00468	213,8666	0,02468	40,5255	1.230,4191	30,3616
90	5,9431	0,1683	0,00405	247,1567	0,02405	41,5869	1.322,1701	31,7929
96	6,6929	0,1494	0,00351	284,6467	0,02351	42,5294	1.409,2973	33,1370
100	7,2446	0,1380	0,00320	312,2323	0,02320	43,0984	1.464,7527	33,9863
108	8,4883	0,1178	0,00267	374,4129	0,02267	44,1095	1.569,3025	35,5774
120	10,7652	0,0929	0,00205	488,2582	0,02205	45,3554	1.710,4160	37,7114
132	13,6528	0,0732	0,00158	632,6415	0,02158	46,3378	1.833,4715	39,5676
144	17,3151	0,0578	0,00123	815,7545	0,02123	47,1123	1.939,7950	41,1738
240	115,8887	0,0086	0,00017	5.744,4368	0,02017	49,5686	2.374,8800	47,9110
360	1.247,5611	0,0008	0,00002	62.328,0564	0,02002	49,9599	2.483,5679	49,7112
480	13.430,1989	0,0001	0,00000	671.459,9468	0,02000	49,9963	2.498,0268	49,9643

Tabla 6: Interés = 3.00%

3,00%	Flujo de efectivo discreto: Factores de interés compuesto							3,00%
	Pagos Únicos		Pagos de serie uniforme				Gradientes aritméticos	
n	Cantidad compuesta F/P	Valor presente P/F	Factor de amortización A/F	Cantidad compuesta F/A	Recuperación de capital A/P	Valor Presente P/A	Gradiente de volor presente P/G	Gradiente de serie anual A/G
1	1,0300	0,9709	1,00000	1,0000	1,03000	0,9709		
2	1,0609	0,9426	0,49261	2,0300	0,52261	1,9135	0,9426	0,4926
3	1,0927	0,9151	0,32353	3,0909	0,35353	2,8286	2,7729	0,9803
4	1,1255	0,8885	0,23903	4,1836	0,26903	3,7171	5,4383	1,4631
5	1,1593	0,8626	0,18835	5,3091	0,21835	4,5797	8,8888	1,9409
6	1,1941	0,8375	0,15460	6,4684	0,18460	5,4172	13,0762	2,4138
7	1,2299	0,8131	0,13051	7,6625	0,16051	6,2303	17,9547	2,8819
8	1,2668	0,7894	0,11246	8,8923	0,14246	7,0197	23,4806	3,3450
9	1,3048	0,7664	0,09843	10,1591	0,12843	7,7861	29,6119	3,8032
10	1,3439	0,7441	0,08723	11,4639	0,11723	8,5302	36,3088	4,2565
11	1,3842	0,7224	0,07808	12,8078	0,10808	9,2526	43,5330	4,7049
12	1,4258	0,7014	0,07046	14,1920	0,10046	9,9540	51,2482	5,1485
13	1,4685	0,6810	0,06403	15,6178	0,09403	10,6350	59,4196	5,5872
14	1,5126	0,6611	0,05853	17,0863	0,08853	11,2961	68,0141	6,0210
15	1,5580	0,6419	0,05377	18,5989	0,08377	11,9379	77,0002	6,4500
16	1,6047	0,6232	0,04961	20,1569	0,07961	12,5611	86,3477	6,8742
17	1,6528	0,6050	0,04595	21,7616	0,07595	13,1661	96,0280	7,2936
18	1,7024	0,5874	0,04271	23,4144	0,07271	13,7535	106,0137	7,7081
19	1,7535	0,5703	0,03981	25,1169	0,06981	14,3238	116,2788	8,1179
20	1,8061	0,5537	0,03722	26,8704	0,06722	14,8775	126,7987	8,5229
21	1,8603	0,5375	0,03487	28,6765	0,06487	15,4150	137,5496	8,9231
22	1,9161	0,5219	0,03275	30,5368	0,06275	15,9369	148,5094	9,3186
23	1,9736	0,5067	0,03081	32,4529	0,06081	16,4436	159,6566	9,7093
24	2,0328	0,4919	0,02905	34,4265	0,05905	16,9355	170,9711	10,0954
25	2,0938	0,4776	0,02743	36,4593	0,05743	17,4131	182,4336	10,4768
26	2,1566	0,4637	0,02594	38,5530	0,05594	17,8768	194,0260	10,8535
27	2,2213	0,4502	0,02456	40,7096	0,05456	18,3270	205,7309	11,2255
28	2,2879	0,4371	0,02329	42,9309	0,05329	18,7641	217,5320	11,5930
29	2,3566	0,4243	0,02211	45,2189	0,05211	19,1885	229,4137	11,9558
30	2,4273	0,4120	0,02102	47,5754	0,05102	19,6004	241,3613	12,3141
31	2,5001	0,4000	0,02000	50,0027	0,05000	20,0004	253,3609	12,6678
32	2,5751	0,3883	0,01905	52,5028	0,04905	20,3888	265,3993	13,0169
33	2,6523	0,3770	0,01816	55,0778	0,04816	20,7658	277,4642	13,3616
34	2,7319	0,3660	0,01732	57,7302	0,04732	21,1318	289,5437	13,7018
35	2,8139	0,3554	0,01654	60,4621	0,04654	21,4872	301,6267	14,0375
40	3,2620	0,3066	0,01326	75,4013	0,04326	23,1148	361,7499	15,6502
45	3,7816	0,2644	0,01079	92,7199	0,04079	24,5187	420,6325	17,1556
50	4,3839	0,2281	0,00887	112,7969	0,03887	25,7298	477,4803	18,5575
55	5,0821	0,1968	0,00735	136,0716	0,03735	26,7744	531,7411	19,8600
60	5,8916	0,1697	0,00613	163,0534	0,03613	27,6756	583,0526	21,0674
65	6,8300	0,1464	0,00515	194,3328	0,03515	28,4529	631,2010	22,1841
70	7,9178	0,1263	0,00434	230,5941	0,03434	29,1234	676,0869	23,2145
75	9,1789	0,1089	0,00367	272,6309	0,03367	29,7018	717,6978	24,1634
80	10,6409	0,0940	0,00311	321,3630	0,03311	30,2008	756,0865	25,0353
84	11,9764	0,0835	0,00273	365,8805	0,03273	30,5501	784,5434	25,6806
85	12,3357	0,0811	0,00265	377,8570	0,03265	30,6312	791,3529	25,8349
90	14,3005	0,0699	0,00226	443,3489	0,03226	31,0024	823,6302	26,5667
96	17,0755	0,0586	0,00187	535,8502	0,03187	31,3812	858,6377	27,3615
108	24,3456	0,0411	0,00129	778,1863	0,03129	31,9642	917,6013	28,7072
120	34,7110	0,0288	0,00089	1.123,6996	0,03089	32,3730	963,8635	29,7737

Tabla 7: Interés = 4.00%

4,00%	Flujo de efectivo discreto: Factores de interés compuesto							4,00%
	Pagos Únicos		Pagos de serie uniforme				Gradientes aritméticos	
n	Cantidad compuesta F/P	Valor presente P/F	Factor de amortización A/F	Cantidad compuesta F/A	Recuperación de capital A/P	Valor Presente P/A	Gradiente de valor presente P/G	Gradiente de serie anual A/G
1	1,0400	0,9615	1,00000	1,0000	1,04000	0,9615		
2	1,0816	0,9246	0,49020	2,0400	0,53020	1,8861	0,9246	0,4902
3	1,1249	0,8890	0,32035	3,1216	0,36035	2,7751	2,7025	0,9739
4	1,1699	0,8548	0,23549	4,2465	0,27549	3,6299	5,2670	1,4510
5	1,2167	0,8219	0,18463	5,4163	0,22463	4,4518	8,5547	1,9216
6	1,2653	0,7903	0,15076	6,6330	0,19076	5,2421	12,5062	2,3857
7	1,3159	0,7599	0,12661	7,8983	0,16661	6,0021	17,0657	2,8433
8	1,3686	0,7307	0,10853	9,2142	0,14853	6,7327	22,1806	3,2944
9	1,4233	0,7026	0,09449	10,5828	0,13449	7,4353	27,8013	3,7391
10	1,4802	0,6756	0,08329	12,0061	0,12329	8,1109	33,8814	4,1773
11	1,5395	0,6496	0,07415	13,4864	0,11415	8,7605	40,3772	4,6090
12	1,6010	0,6246	0,06655	15,0258	0,10655	9,3851	47,2477	5,0343
13	1,6651	0,6006	0,06014	16,6268	0,10014	9,9856	54,4546	5,4533
14	1,7317	0,5775	0,05467	18,2919	0,09467	10,5631	61,9618	5,8659
15	1,8009	0,5553	0,04994	20,0236	0,08994	11,1184	69,7355	6,2721
16	1,8730	0,5339	0,04582	21,8245	0,08582	11,6523	77,7441	6,6720
17	1,9479	0,5134	0,04220	23,6975	0,08220	12,1657	85,9581	7,0656
18	2,0258	0,4936	0,03899	25,6454	0,07899	12,6593	94,3498	7,4530
19	2,1068	0,4746	0,03614	27,6712	0,07614	13,1339	102,8933	7,8342
20	2,1911	0,4564	0,03358	29,7781	0,07358	13,5903	111,5647	8,2091
21	2,2788	0,4388	0,03128	31,9692	0,07128	14,0292	120,3414	8,5779
22	2,3699	0,4220	0,02920	34,2480	0,06920	14,4511	129,2024	8,9407
23	2,4647	0,4057	0,02731	36,6179	0,06731	14,8568	138,1284	9,2973
24	2,5633	0,3901	0,02559	39,0826	0,06559	15,2470	147,1012	9,6479
25	2,6658	0,3751	0,02401	41,6459	0,06401	15,6221	156,1040	9,9925
26	2,7725	0,3607	0,02257	44,3117	0,06257	15,9828	165,1212	10,3312
27	2,8834	0,3468	0,02124	47,0842	0,06124	16,3296	174,1385	10,6640
28	2,9987	0,3335	0,02001	49,9676	0,06001	16,6631	183,1424	10,9909
29	3,1187	0,3207	0,01888	52,9663	0,05888	16,9837	192,1206	11,3120
30	3,2434	0,3083	0,01783	56,0849	0,05783	17,2920	201,0618	11,6274
31	3,3731	0,2965	0,01686	59,3283	0,05686	17,5885	209,9556	11,9371
32	3,5081	0,2851	0,01595	62,7015	0,05595	17,8736	218,7924	12,2411
33	3,6484	0,2741	0,01510	66,2095	0,05510	18,1476	227,5634	12,5396
34	3,7943	0,2636	0,01431	69,8579	0,05431	18,4112	236,2607	12,8324
35	3,9461	0,2534	0,01358	73,6522	0,05358	18,6646	244,8768	13,1198
40	4,8010	0,2083	0,01052	95,0255	0,05052	19,7928	286,5303	14,4765
45	5,8412	0,1712	0,00826	121,0294	0,04826	20,7200	325,4028	15,7047
50	7,1067	0,1407	0,00655	152,6671	0,04655	21,4822	361,1638	16,8122
55	8,6464	0,1157	0,00523	191,1592	0,04523	22,1086	393,6890	17,8070
60	10,5196	0,0951	0,00420	237,9907	0,04420	22,6235	422,9966	18,6972
65	12,7987	0,0781	0,00339	294,9684	0,04339	23,0467	449,2014	19,4909
70	15,5716	0,0642	0,00275	364,2905	0,04275	23,3945	472,4789	20,1961
75	18,9453	0,0528	0,00223	448,6314	0,04223	23,6804	493,0408	20,8206
80	23,0498	0,0434	0,00181	551,2450	0,04181	23,9154	511,1161	21,3718
85	28,0436	0,0357	0,00148	676,0901	0,04148	24,1085	526,9384	21,8569
90	34,1193	0,0293	0,00121	827,9833	0,04121	24,2673	540,7369	22,2826
96	43,1718	0,0232	0,00095	1.054,2960	0,04095	24,4209	554,9312	22,7236
108	69,1195	0,0145	0,00059	1.702,9877	0,04059	24,6383	576,8949	23,4146
120	110,6626	0,0090	0,00036	2.741,5640	0,04036	24,7741	592,2428	23,9057
144	283,6618	0,0035	0,00014	7.066,5451	0,04014	24,9119	610,1055	24,4906

Tabla 8: Interés = 5.00%

5,00%	Flujo de efectivo discreto: Factores de interés compuesto							5,00%
	Pagos Únicos		Pagos de serie uniforme				Gradientes aritméticos	
n	Cantidad compuesta F/P	Valor presente P/F	Factor de amortización A/F	Cantidad compuesta F/A	Recuperación de capital A/P	Valor Presente P/A	Gradiente de valor presente P/G	Gradiente de serie anual A/G
1	1,0500	0,9524	1,00000	1,0000	1,05000	0,9524		
2	1,1025	0,9070	0,48780	2,0500	0,53780	1,8594	0,9070	0,4878
3	1,1576	0,8638	0,31721	3,1525	0,36721	2,7232	2,6347	0,9675
4	1,2155	0,8227	0,23201	4,3101	0,28201	3,5460	5,1028	1,4391
5	1,2763	0,7835	0,18097	5,5256	0,23097	4,3295	8,2369	1,9025
6	1,3401	0,7462	0,14702	6,8019	0,19702	5,0757	11,9680	2,3579
7	1,4071	0,7107	0,12282	8,1420	0,17282	5,7864	16,2321	2,8052
8	1,4775	0,6768	0,10472	9,5491	0,15472	6,4632	20,9700	3,2445
9	1,5513	0,6446	0,09069	11,0266	0,14069	7,1078	26,1268	3,6758
10	1,6289	0,6139	0,07950	12,5779	0,12950	7,7217	31,6520	4,0991
11	1,7103	0,5847	0,07039	14,2068	0,12039	8,3064	37,4988	4,5144
12	1,7959	0,5568	0,06283	15,9171	0,11283	8,8633	43,6241	4,9219
13	1,8856	0,5303	0,05646	17,7130	0,10646	9,3936	49,9879	5,3215
14	1,9799	0,5051	0,05102	19,5986	0,10102	9,8986	56,5538	5,7133
15	2,0789	0,4810	0,04634	21,5786	0,09634	10,3797	63,2880	6,0973
16	2,1829	0,4581	0,04227	23,6575	0,09227	10,8378	70,1597	6,4736
17	2,2920	0,4363	0,03870	25,8404	0,08870	11,2741	77,1405	6,8423
18	2,4066	0,4155	0,03555	28,1324	0,08555	11,6896	84,2043	7,2034
19	2,5270	0,3957	0,03275	30,5390	0,08275	12,0853	91,3275	7,5569
20	2,6533	0,3769	0,03024	33,0660	0,08024	12,4622	98,4884	7,9030
21	2,7860	0,3589	0,02800	35,7193	0,07800	12,8212	105,6673	8,2416
22	2,9253	0,3418	0,02597	38,5052	0,07597	13,1630	112,8461	8,5730
23	3,0715	0,3256	0,02414	41,4305	0,07414	13,4886	120,0087	8,8971
24	3,2251	0,3101	0,02247	44,5020	0,07247	13,7986	127,1402	9,2140
25	3,3864	0,2953	0,02095	47,7271	0,07095	14,0939	134,2275	9,5238
26	3,5557	0,2812	0,01956	51,1135	0,06956	14,3752	141,2585	9,8266
27	3,7335	0,2678	0,01829	54,6691	0,06829	14,6430	148,2226	10,1224
28	3,9201	0,2551	0,01712	58,4026	0,06712	14,8981	155,1101	10,4114
29	4,1161	0,2429	0,01605	62,3227	0,06605	15,1411	161,9126	10,6936
30	4,3219	0,2314	0,01505	66,4388	0,06505	15,3725	168,6226	10,9691
31	4,5380	0,2204	0,01413	70,7608	0,06413	15,5928	175,2333	11,2381
32	4,7649	0,2099	0,01328	75,2988	0,06328	15,8027	181,7392	11,5005
33	5,0032	0,1999	0,01249	80,0638	0,06249	16,0025	188,1351	11,7566
34	5,2533	0,1904	0,01176	85,0670	0,06176	16,1929	194,4168	12,0063
35	5,5160	0,1813	0,01107	90,3203	0,06107	16,3742	200,5807	12,2498
40	7,0400	0,1420	0,00828	120,7998	0,05828	17,1591	229,5452	13,3775
45	8,9850	0,1113	0,00626	159,7002	0,05626	17,7741	255,3145	14,3644
50	11,4674	0,0872	0,00478	209,3480	0,05478	18,2559	277,9148	15,2233
55	14,6356	0,0683	0,00367	272,7126	0,05367	18,6335	297,5104	15,9664
60	18,6792	0,0535	0,00283	353,5837	0,05283	18,9293	314,3432	16,6062
65	23,8399	0,0419	0,00219	456,7980	0,05219	19,1611	328,6910	17,1541
70	30,4264	0,0329	0,00170	588,5285	0,05170	19,3427	340,8409	17,6212
75	38,8327	0,0258	0,00132	756,6537	0,05132	19,4850	351,0721	18,0176
80	49,5614	0,0202	0,00103	971,2288	0,05103	19,5965	359,6460	18,3526
85	63,2544	0,0158	0,00080	1.245,0871	0,05080	19,6838	366,8007	18,6346
90	80,7304	0,0124	0,00063	1.594,6073	0,05063	19,7523	372,7488	18,8712
95	103,0347	0,0097	0,00049	2.040,6935	0,05049	19,8059	377,6774	19,0689
96	108,1864	0,0092	0,00047	2.143,7282	0,05047	19,8151	378,5555	19,1044
98	119,2755	0,0084	0,00042	2.365,5103	0,05042	19,8323	380,2139	19,1714
100	131,5013	0,0076	0,00038	2.610,0252	0,05038	19,8479	381,7492	19,2337

Tabla 9: Interés = 6.00%

6,00%			Flujo de efectivo discreto: Factores de interés compuesto					6,00%
	Pagos Únicos		Pagos de serie uniforme				Gradientes aritméticos	
n	Cantidad compuesta F/P	Valor presente P/F	Factor de amortización A/F	Cantidad compuesta F/A	Recuperación de capital A/P	Valor Presente P/A	Gradiente de valor presente P/G	Gradiente de serie anual A/G
1	1,0600	0,9434	1,00000	1,0000	1,06000	0,9434		
2	1,1236	0,8900	0,48544	2,0600	0,54544	1,8334	0,8900	0,4854
3	1,1910	0,8396	0,31411	3,1836	0,37411	2,6730	2,5692	0,9612
4	1,2625	0,7921	0,22859	4,3746	0,28859	3,4651	4,9455	1,4272
5	1,3382	0,7473	0,17740	5,6371	0,23740	4,2124	7,9345	1,8836
6	1,4185	0,7050	0,14336	6,9753	0,20336	4,9173	11,4594	2,3304
7	1,5036	0,6651	0,11914	8,3938	0,17914	5,5824	15,4497	2,7676
8	1,5938	0,6274	0,10104	9,8975	0,16104	6,2098	19,8416	3,1952
9	1,6895	0,5919	0,08702	11,4913	0,14702	6,8017	24,5768	3,6133
10	1,7908	0,5584	0,07587	13,1808	0,13587	7,3601	29,6023	4,0220
11	1,8983	0,5268	0,06679	14,9716	0,12679	7,8869	34,8702	4,4213
12	2,0122	0,4970	0,05928	16,8699	0,11928	8,3838	40,3369	4,8113
13	2,1329	0,4688	0,05296	18,8821	0,11296	8,8527	45,9629	5,1920
14	2,2609	0,4423	0,04758	21,0151	0,10758	9,2950	51,7128	5,5635
15	2,3966	0,4173	0,04296	23,2760	0,10296	9,7122	57,5546	5,9260
16	2,5404	0,3936	0,03895	25,6725	0,09895	10,1059	63,4592	6,2794
17	2,6928	0,3714	0,03544	28,2129	0,09544	10,4773	69,4011	6,6240
18	2,8543	0,3503	0,03236	30,9057	0,09236	10,8276	75,3569	6,9597
19	3,0256	0,3305	0,02962	33,7600	0,08962	11,1581	81,3062	7,2867
20	3,2071	0,3118	0,02718	36,7856	0,08718	11,4699	87,2304	7,6051
21	3,3996	0,2942	0,02500	39,9927	0,08500	11,7641	93,1136	7,9151
22	3,6035	0,2775	0,02305	43,3923	0,08305	12,0416	98,9412	8,2166
23	3,8197	0,2618	0,02128	46,9958	0,08128	12,3034	104,7007	8,5099
24	4,0489	0,2470	0,01968	50,8156	0,07968	12,5504	110,3812	8,7951
25	4,2919	0,2330	0,01823	54,8645	0,07823	12,7834	115,9732	9,0722
26	4,5494	0,2198	0,01690	59,1564	0,07690	13,0032	121,4684	9,3414
27	4,8223	0,2074	0,01570	63,7058	0,07570	13,2105	126,8600	9,6029
28	5,1117	0,1956	0,01459	68,5281	0,07459	13,4062	132,1420	9,8568
29	5,4184	0,1846	0,01358	73,6398	0,07358	13,5907	137,3096	10,1032
30	5,7435	0,1741	0,01265	79,0582	0,07265	13,7648	142,3588	10,3422
31	6,0881	0,1643	0,01179	84,8017	0,07179	13,9291	147,2864	10,5740
32	6,4534	0,1550	0,01100	90,8898	0,07100	14,0840	152,0901	10,7988
33	6,8406	0,1462	0,01027	97,3432	0,07027	14,2302	156,7681	11,0166
34	7,2510	0,1379	0,00960	104,1838	0,06960	14,3681	161,3192	11,2276
35	7,6861	0,1301	0,00897	111,4348	0,06897	14,4982	165,7427	11,4319
40	10,2857	0,0972	0,00646	154,7620	0,06646	15,0463	185,9568	12,3590
45	13,7646	0,0727	0,00470	212,7435	0,06470	15,4558	203,1096	13,1413
50	18,4202	0,0543	0,00344	290,3359	0,06344	15,7619	217,4574	13,7964
55	24,6503	0,0406	0,00254	394,1720	0,06254	15,9905	229,3222	14,3411
60	32,9877	0,0303	0,00188	533,1282	0,06188	16,1614	239,0428	14,7909
65	44,1450	0,0227	0,00139	719,0829	0,06139	16,2891	246,9450	15,1601
70	59,0759	0,0169	0,00103	967,9322	0,06103	16,3845	253,3271	15,4613
75	79,0569	0,0126	0,00077	1.300,9487	0,06077	16,4558	258,4527	15,7058
80	105,7960	0,0095	0,00057	1.746,5999	0,06057	16,5091	262,5493	15,9033
85	141,5789	0,0071	0,00043	2.342,9817	0,06043	16,5489	265,8096	16,0620
90	189,4645	0,0053	0,00032	3.141,0752	0,06032	16,5787	268,3946	16,1891
95	253,5463	0,0039	0,00024	4.209,1042	0,06024	16,6009	270,4375	16,2905
96	268,7590	0,0037	0,00022	4.462,6505	0,06022	16,6047	270,7909	16,3081
98	301,9776	0,0033	0,00020	5.016,2941	0,06020	16,6115	271,4491	16,3411
100	339,3021	0,0029	0,00018	5.638,3681	0,06018	16,6175	272,0471	16,3711

Tabla 10: Interés = 7.00%

	Pagos Únicos		Pagos de serie uniforme				Gradientes aritméticos	
n	Cantidad compuesta F/P	Valor presente P/F	Factor de amortización A/F	Cantidad compuesta F/A	Recuperación de capital A/P	Valor Presente P/A	Gradiente de valor presente P/G	Gradiente de serie anual A/G
1	1,0700	0,9346	1,00000	1,0000	1,07000	0,9346		
2	1,1449	0,8734	0,48309	2,0700	0,55309	1,8080	0,8734	0,4831
3	1,2250	0,8163	0,31105	3,2149	0,38105	2,6243	2,5060	0,9549
4	1,3108	0,7629	0,22523	4,4399	0,29523	3,3872	4,7947	1,4155
5	1,4026	0,7130	0,17389	5,7507	0,24389	4,1002	7,6467	1,8650
6	1,5007	0,6663	0,13980	7,1533	0,20980	4,7665	10,9784	2,3032
7	1,6058	0,6227	0,11555	8,6540	0,18555	5,3893	14,7149	2,7304
8	1,7182	0,5820	0,09747	10,2598	0,16747	5,9713	18,7889	3,1465
9	1,8385	0,5439	0,08349	11,9780	0,15349	6,5152	23,1404	3,5517
10	1,9672	0,5083	0,07238	13,8164	0,14238	7,0236	27,7156	3,9461
11	2,1049	0,4751	0,06336	15,7836	0,13336	7,4987	32,4665	4,3296
12	2,2522	0,4440	0,05590	17,8885	0,12590	7,9427	37,3506	4,7025
13	2,4098	0,4150	0,04965	20,1406	0,11965	8,3577	42,3302	5,0648
14	2,5785	0,3878	0,04434	22,5505	0,11434	8,7455	47,3718	5,4167
15	2,7590	0,3624	0,03979	25,1290	0,10979	9,1079	52,4461	5,7583
16	2,9522	0,3387	0,03586	27,8881	0,10586	9,4466	57,5271	6,0897
17	3,1588	0,3166	0,03243	30,8402	0,10243	9,7632	62,5923	6,4110
18	3,3799	0,2959	0,02941	33,9990	0,09941	10,0591	67,6219	6,7225
19	3,6165	0,2765	0,02675	37,3790	0,09675	10,3356	72,5991	7,0242
20	3,8697	0,2584	0,02439	40,9955	0,09439	10,5940	77,5091	7,3163
21	4,1406	0,2415	0,02229	44,8652	0,09229	10,8355	82,3393	7,5990
22	4,4304	0,2257	0,02041	49,0057	0,09041	11,0612	87,0793	7,8725
23	4,7405	0,2109	0,01871	53,4361	0,08871	11,2722	91,7201	8,1369
24	5,0724	0,1971	0,01719	58,1767	0,08719	11,4693	96,2545	8,3923
25	5,4274	0,1842	0,01581	63,2490	0,08581	11,6536	100,6765	8,6391
26	5,8074	0,1722	0,01456	68,6765	0,08456	11,8258	104,9814	8,8773
27	6,2139	0,1609	0,01343	74,4838	0,08343	11,9867	109,1656	9,1072
28	6,6488	0,1504	0,01239	80,6977	0,08239	12,1371	113,2264	9,3289
29	7,1143	0,1406	0,01145	87,3465	0,08145	12,2777	117,1622	9,5427
30	7,6123	0,1314	0,01059	94,4608	0,08059	12,4090	120,9718	9,7487
31	8,1451	0,1228	0,00980	102,0730	0,07980	12,5318	124,6550	9,9471
32	8,7153	0,1147	0,00907	110,2182	0,07907	12,6466	128,2120	10,1381
33	9,3253	0,1072	0,00841	118,9334	0,07841	12,7538	131,6435	10,3219
34	9,9781	0,1002	0,00780	128,2588	0,07780	12,8540	134,9507	10,4987
35	10,6766	0,0937	0,00723	138,2369	0,07723	12,9477	138,1353	10,6687
40	14,9745	0,0668	0,00501	199,6351	0,07501	13,3317	152,2928	11,4233
45	21,0025	0,0476	0,00350	285,7493	0,07350	13,6055	163,7559	12,0360
50	29,4570	0,0339	0,00246	406,5289	0,07246	13,8007	172,9051	12,5287
55	41,3150	0,0242	0,00174	575,9286	0,07174	13,9399	180,1243	12,9215
60	57,9464	0,0173	0,00123	813,5204	0,07123	14,0392	185,7677	13,2321
65	81,2729	0,0123	0,00087	1.146,7552	0,07087	14,1099	190,1452	13,4760
70	113,9894	0,0088	0,00062	1.614,1342	0,07062	14,1604	193,5185	13,6662
75	159,8760	0,0063	0,00044	2.269,6574	0,07044	14,1964	196,1035	13,8136
80	224,2344	0,0045	0,00031	3.189,0627	0,07031	14,2220	198,0748	13,9273
85	314,5003	0,0032	0,00022	4.478,5761	0,07022	14,2403	199,5717	14,0146
90	441,1030	0,0023	0,00016	6.287,1854	0,07016	14,2533	200,7042	14,0812
95	618,6697	0,0016	0,00011	8.823,8535	0,07011	14,2626	201,5581	14,1319
96	661,9766	0,0015	0,00011	9.442,5233	0,07011	14,2641	201,7016	14,1405
98	757,8970	0,0013	0,00009	10.812,8149	0,07009	14,2669	201,9651	14,1562
100	867,7163	0,0012	0,00008	12.381,6618	0,07008	14,2693	202,2001	14,1703

Tabla 11: Interés = 8.00%

8,00%	Flujo de efectivo discreto: Factores de interés compuesto							8,00%
	Pagos Únicos		Pagos de serie uniforme				Gradientes aritméticos	
n	Cantidad compuesta F/P	Valor presente P/F	Factor de amortización A/F	Cantidad compuesta F/A	Recuperación de capital A/P	Valor Presente P/A	Gradiente de valor presente P/G	Gradiente de serie anual A/G
1	1,0800	0,9259	1,00000	1,0000	1,08000	0,9259		
2	1,1664	0,8573	0,48077	2,0800	0,56077	1,7833	0,8573	0,4808
3	1,2597	0,7938	0,30803	3,2464	0,38803	2,5771	2,4450	0,9487
4	1,3605	0,7350	0,22192	4,5061	0,30192	3,3121	4,6501	1,4040
5	1,4693	0,6806	0,17046	5,8666	0,25046	3,9927	7,3724	1,8465
6	1,5869	0,6302	0,13632	7,3359	0,21632	4,6229	10,5233	2,2763
7	1,7138	0,5835	0,11207	8,9228	0,19207	5,2064	14,0242	2,6937
8	1,8509	0,5403	0,09401	10,6366	0,17401	5,7466	17,8061	3,0985
9	1,9990	0,5002	0,08008	12,4876	0,16008	6,2469	21,8081	3,4910
10	2,1589	0,4632	0,06903	14,4866	0,14903	6,7101	25,9768	3,8713
11	2,3316	0,4289	0,06008	16,6455	0,14008	7,1390	30,2657	4,2395
12	2,5182	0,3971	0,05270	18,9771	0,13270	7,5361	34,6339	4,5957
13	2,7196	0,3677	0,04652	21,4953	0,12652	7,9038	39,0463	4,9402
14	2,9372	0,3405	0,04130	24,2149	0,12130	8,2442	43,4723	5,2731
15	3,1722	0,3152	0,03683	27,1521	0,11683	8,5595	47,8857	5,5945
16	3,4259	0,2919	0,03298	30,3243	0,11298	8,8514	52,2640	5,9046
17	3,7000	0,2703	0,02963	33,7502	0,10963	9,1216	56,5883	6,2037
18	3,9960	0,2502	0,02670	37,4502	0,10670	9,3719	60,8426	6,4920
19	4,3157	0,2317	0,02413	41,4463	0,10413	9,6036	65,0134	6,7697
20	4,6610	0,2145	0,02185	45,7620	0,10185	9,8181	69,0898	7,0369
21	5,0338	0,1987	0,01983	50,4229	0,09983	10,0168	73,0629	7,2940
22	5,4365	0,1839	0,01803	55,4568	0,09803	10,2007	76,9257	7,5412
23	5,8715	0,1703	0,01642	60,8933	0,09642	10,3711	80,6726	7,7786
24	6,3412	0,1577	0,01498	66,7648	0,09498	10,5288	84,2997	8,0066
25	6,8485	0,1460	0,01368	73,1059	0,09368	10,6748	87,8041	8,2254
26	7,3964	0,1352	0,01251	79,9544	0,09251	10,8100	91,1842	8,4352
27	7,9881	0,1252	0,01145	87,3508	0,09145	10,9352	94,4390	8,6363
28	8,6271	0,1159	0,01049	95,3388	0,09049	11,0511	97,5687	8,8289
29	9,3173	0,1073	0,00962	103,9659	0,08962	11,1584	100,5738	9,0133
30	10,0627	0,0994	0,00883	113,2832	0,08883	11,2578	103,4558	9,1897
31	10,8677	0,0920	0,00811	123,3459	0,08811	11,3498	106,2163	9,3584
32	11,7371	0,0852	0,00745	134,2135	0,08745	11,4350	108,8575	9,5197
33	12,6760	0,0789	0,00685	145,9506	0,08685	11,5139	111,3819	9,6737
34	13,6901	0,0730	0,00630	158,6267	0,08630	11,5869	113,7924	9,8208
35	14,7853	0,0676	0,00580	172,3168	0,08580	11,6546	116,0920	9,9611
40	21,7245	0,0460	0,00386	259,0565	0,08386	11,9246	126,0422	10,5699
45	31,9204	0,0313	0,00259	386,5056	0,08259	12,1084	133,7331	11,0447
50	46,9016	0,0213	0,00174	573,7702	0,08174	12,2335	139,5928	11,4107
55	68,9139	0,0145	0,00118	848,9232	0,08118	12,3186	144,0065	11,6902
60	101,2571	0,0099	0,00080	1.253,2133	0,08080	12,3766	147,3000	11,9015
65	148,7798	0,0067	0,00054	1.847,2481	0,08054	12,4160	149,7387	12,0602
70	218,6064	0,0046	0,00037	2.720,0801	0,08037	12,4428	151,5326	12,1783
75	321,2045	0,0031	0,00025	4.002,5566	0,08025	12,4611	152,8448	12,2658
80	471,9548	0,0021	0,00017	5.886,9354	0,08017	12,4735	153,8001	12,3301
85	693,4565	0,0014	0,00012	8.655,7061	0,08012	12,4820	154,4925	12,3772
90	1.018,9151	0,0010	0,00008	12.723,9386	0,08008	12,4877	154,9925	12,4116
95	1.497,1205	0,0007	0,00005	18.701,5069	0,08005	12,4917	155,3524	12,4365
96	1.616,8902	0,0006	0,00005	20.198,6274	0,08005	12,4923	155,4112	12,4406
98	1.885,9407	0,0005	0,00004	23.561,7590	0,08004	12,4934	155,5176	12,4480
100	2.199,7613	0,0005	0,00004	27.484,5157	0,08004	12,4943	155,6107	12,4545

Tabla 12: Interés = 9.00%

9,00%	Flujo de efectivo discreto: Factores de interés compuesto							9,00%
	Pagos Únicos		Pagos de serie uniforme				Gradientes aritméticos	
n	Cantidad compuesta F/P	Valor presente P/F	Factor de amortización A/F	Cantidad compuesta F/A	Recuperación de capital A/P	Valor Presente P/A	Gradiente de volor presente P/G	Gradiente de serie anual A/G
1	1,0900	0,9174	1,00000	1,0000	1,09000	0,9174		
2	1,1881	0,8417	0,47847	2,0900	0,56847	1,7591	0,8417	0,4785
3	1,2950	0,7722	0,30505	3,2781	0,39505	2,5313	2,3860	0,9426
4	1,4116	0,7084	0,21867	4,5731	0,30867	3,2397	4,5113	1,3925
5	1,5386	0,6499	0,16709	5,9847	0,25709	3,8897	7,1110	1,8282
6	1,6771	0,5963	0,13292	7,5233	0,22292	4,4859	10,0924	2,2498
7	1,8280	0,5470	0,10869	9,2004	0,19869	5,0330	13,3746	2,6574
8	1,9926	0,5019	0,09067	11,0285	0,18067	5,5348	16,8877	3,0512
9	2,1719	0,4604	0,07680	13,0210	0,16680	5,9952	20,5711	3,4312
10	2,3674	0,4224	0,06582	15,1929	0,15582	6,4177	24,3728	3,7978
11	2,5804	0,3875	0,05695	17,5603	0,14695	6,8052	28,2481	4,1510
12	2,8127	0,3555	0,04965	20,1407	0,13965	7,1607	32,1590	4,4910
13	3,0658	0,3262	0,04357	22,9534	0,13357	7,4869	36,0731	4,8182
14	3,3417	0,2992	0,03843	26,0192	0,12843	7,7862	39,9633	5,1326
15	3,6425	0,2745	0,03406	29,3609	0,12406	8,0607	43,8069	5,4346
16	3,9703	0,2519	0,03030	33,0034	0,12030	8,3126	47,5849	5,7245
17	4,3276	0,2311	0,02705	36,9737	0,11705	8,5436	51,2821	6,0024
18	4,7171	0,2120	0,02421	41,3013	0,11421	8,7556	54,8860	6,2687
19	5,1417	0,1945	0,02173	46,0185	0,11173	8,9501	58,3868	6,5236
20	5,6044	0,1784	0,01955	51,1601	0,10955	9,1285	61,7770	6,7674
21	6,1088	0,1637	0,01762	56,7645	0,10762	9,2922	65,0509	7,0006
22	6,6586	0,1502	0,01590	62,8733	0,10590	9,4424	68,2048	7,2232
23	7,2579	0,1378	0,01438	69,5319	0,10438	9,5802	71,2359	7,4357
24	7,9111	0,1264	0,01302	76,7898	0,10302	9,7066	74,1433	7,6384
25	8,6231	0,1160	0,01181	84,7009	0,10181	9,8226	76,9265	7,8316
26	9,3992	0,1064	0,01072	93,3240	0,10072	9,9290	79,5863	8,0156
27	10,2451	0,0976	0,00973	102,7231	0,09973	10,0266	82,1241	8,1906
28	11,1671	0,0895	0,00885	112,9682	0,09885	10,1161	84,5419	8,3571
29	12,1722	0,0822	0,00806	124,1354	0,09806	10,1983	86,8422	8,5154
30	13,2677	0,0754	0,00734	136,3075	0,09734	10,2737	89,0280	8,6657
31	14,4618	0,0691	0,00669	149,5752	0,09669	10,3428	91,1024	8,8083
32	15,7633	0,0634	0,00610	164,0370	0,09610	10,4062	93,0690	8,9436
33	17,1820	0,0582	0,00556	179,8003	0,09556	10,4644	94,9314	9,0718
34	18,7284	0,0534	0,00508	196,9823	0,09508	10,5178	96,6935	9,1933
35	20,4140	0,0490	0,00464	215,7108	0,09464	10,5668	98,3590	9,3083
40	31,4094	0,0318	0,00296	337,8824	0,09296	10,7574	105,3762	9,7957
45	48,3273	0,0207	0,00190	525,8587	0,09190	10,8812	110,5561	10,1603
50	74,3575	0,0134	0,00123	815,0836	0,09123	10,9617	114,3251	10,4295
55	114,4083	0,0087	0,00079	1.260,0918	0,09079	11,0140	117,0362	10,6261
60	176,0313	0,0057	0,00051	1.944,7921	0,09051	11,0480	118,9683	10,7683
65	270,8460	0,0037	0,00033	2.998,2885	0,09033	11,0701	120,3344	10,8702
70	416,7301	0,0024	0,00022	4.619,2232	0,09022	11,0844	121,2942	10,9427
75	641,1909	0,0016	0,00014	7.113,2321	0,09014	11,0938	121,9646	10,9940
80	986,5517	0,0010	0,00009	10.950,5741	0,09009	11,0998	122,4306	11,0299
85	1.517,9320	0,0007	0,00006	16.854,8003	0,09006	11,1038	122,7533	11,0551
90	2.335,5266	0,0004	0,00004	25.939,1842	0,09004	11,1064	122,9758	11,0726
95	3.593,4971	0,0003	0,00003	39.916,6350	0,09003	11,1080	123,1287	11,0847
96	3.916,9119	0,0003	0,00002	43.510,1321	0,09002	11,1083	123,1529	11,0866
98	4.653,6830	0,0002	0,00002	51.696,4780	0,09002	11,1087	123,1963	11,0900
100	5.529,0408	0,0002	0,00002	61.422,6755	0,09002	11,1091	123,2335	11,0930

Tabla 13: Interés = 10.00%

10,00%	Flujo de efectivo discreto: Factores de interés compuesto							10,00%
	Pagos Únicos		Pagos de serie uniforme				Gradientes aritméticos	
n	Cantidad compuesta F/P	Valor presente P/F	Factor de amortización A/F	Cantidad compuesta F/A	Recuperación de capital A/P	Valor Presente P/A	Gradiente de valor presente P/G	Gradiente de serie anual A/G
1	1,1000	0,9091	1,00000	1,0000	1,10000	0,9091		
2	1,2100	0,8264	0,47619	2,1000	0,57619	1,7355	0,8264	0,4762
3	1,3310	0,7513	0,30211	3,3100	0,40211	2,4869	2,3291	0,9366
4	1,4641	0,6830	0,21547	4,6410	0,31547	3,1699	4,3781	1,3812
5	1,6105	0,6209	0,16380	6,1051	0,26380	3,7908	6,8618	1,8101
6	1,7716	0,5645	0,12961	7,7156	0,22961	4,3553	9,6842	2,2236
7	1,9487	0,5132	0,10541	9,4872	0,20541	4,8684	12,7631	2,6216
8	2,1436	0,4665	0,08744	11,4359	0,18744	5,3349	16,0287	3,0045
9	2,3579	0,4241	0,07364	13,5795	0,17364	5,7590	19,4215	3,3724
10	2,5937	0,3855	0,06275	15,9374	0,16275	6,1446	22,8913	3,7255
11	2,8531	0,3505	0,05396	18,5312	0,15396	6,4951	26,3963	4,0641
12	3,1384	0,3186	0,04676	21,3843	0,14676	6,8137	29,9012	4,3884
13	3,4523	0,2897	0,04078	24,5227	0,14078	7,1034	33,3772	4,6988
14	3,7975	0,2633	0,03575	27,9750	0,13575	7,3667	36,8005	4,9955
15	4,1772	0,2394	0,03147	31,7725	0,13147	7,6061	40,1520	5,2789
16	4,5950	0,2176	0,02782	35,9497	0,12782	7,8237	43,4164	5,5493
17	5,0545	0,1978	0,02466	40,5447	0,12466	8,0216	46,5819	5,8071
18	5,5599	0,1799	0,02193	45,5992	0,12193	8,2014	49,6395	6,0526
19	6,1159	0,1635	0,01955	51,1591	0,11955	8,3649	52,5827	6,2861
20	6,7275	0,1486	0,01746	57,2750	0,11746	8,5136	55,4069	6,5081
21	7,4002	0,1351	0,01562	64,0025	0,11562	8,6487	58,1095	6,7189
22	8,1403	0,1228	0,01401	71,4027	0,11401	8,7715	60,6893	6,9189
23	8,9543	0,1117	0,01257	79,5430	0,11257	8,8832	63,1462	7,1085
24	9,8497	0,1015	0,01130	88,4973	0,11130	8,9847	65,4813	7,2881
25	10,8347	0,0923	0,01017	98,3471	0,11017	9,0770	67,6964	7,4580
26	11,9182	0,0839	0,00916	109,1818	0,10916	9,1609	69,7940	7,6186
27	13,1100	0,0763	0,00826	121,0999	0,10826	9,2372	71,7773	7,7704
28	14,4210	0,0693	0,00745	134,2099	0,10745	9,3066	73,6495	7,9137
29	15,8631	0,0630	0,00673	148,6309	0,10673	9,3696	75,4146	8,0489
30	17,4494	0,0573	0,00608	164,4940	0,10608	9,4269	77,0766	8,1762
31	19,1943	0,0521	0,00550	181,9434	0,10550	9,4790	78,6395	8,2962
32	21,1138	0,0474	0,00497	201,1378	0,10497	9,5264	80,1078	8,4091
33	23,2252	0,0431	0,00450	222,2515	0,10450	9,5694	81,4856	8,5152
34	25,5477	0,0391	0,00407	245,4767	0,10407	9,6086	82,7773	8,6149
35	28,1024	0,0356	0,00369	271,0244	0,10369	9,6442	83,9872	8,7086
40	45,2593	0,0221	0,00226	442,5926	0,10226	9,7791	88,9525	9,0962
45	72,8905	0,0137	0,00139	718,9048	0,10139	9,8628	92,4544	9,3740
50	117,3909	0,0085	0,00086	1.163,9085	0,10086	9,9148	94,8889	9,5704
55	189,0591	0,0053	0,00053	1.880,5914	0,10053	9,9471	96,5619	9,7075
60	304,4816	0,0033	0,00033	3.034,8164	0,10033	9,9672	97,7010	9,8023
65	490,3707	0,0020	0,00020	4.893,7073	0,10020	9,9796	98,4705	9,8672
70	789,7470	0,0013	0,00013	7.887,4696	0,10013	9,9873	98,9870	9,9113
75	1.271,8954	0,0008	0,00008	12.708,9537	0,10008	9,9921	99,3317	9,9410
80	2.048,4002	0,0005	0,00005	20.474,0021	0,10005	9,9951	99,5606	9,9609
85	3.298,9690	0,0003	0,00003	32.979,6903	0,10003	9,9970	99,7120	9,9742
90	5.313,0226	0,0002	0,00002	53.120,2261	0,10002	9,9981	99,8118	9,9831
95	8.556,6760	0,0001	0,00001	85.556,7605	0,10001	9,9988	99,8773	9,9889
96	9.412,3437	0,0001	0,00001	94.113,4365	0,10001	9,9989	99,8874	9,9898
98	11.388,9358	0,0001	0,00001	113.879,3582	0,10001	9,9991	99,9052	9,9914
100	13.780,6123	0,0001	0,00001	137.796,1234	0,10001	9,9993	99,9202	9,9927

Tabla 14: Interés = 11.00%

11,00%	Flujo de efectivo discreto: Factores de interés compuesto						11,00%	
	Pagos Únicos		Pagos de serie uniforme				Gradientes aritméticos	
n	Cantidad compuesta F/P	Valor presente P/F	Factor de amortización A/F	Cantidad compuesta F/A	Recuperación de capital A/P	Valor Presente P/A	Gradiente de volor presente P/G	Gradiente de serie anual A/G
1	1,1100	0,9009	1,00000	1,0000	1,11000	0,9009		
2	1,2321	0,8116	0,47393	2,1100	0,58393	1,7125	0,8116	0,4739
3	1,3676	0,7312	0,29921	3,3421	0,40921	2,4437	2,2740	0,9306
4	1,5181	0,6587	0,21233	4,7097	0,32233	3,1024	4,2502	1,3700
5	1,6851	0,5935	0,16057	6,2278	0,27057	3,6959	6,6240	1,7923
6	1,8704	0,5346	0,12638	7,9129	0,23638	4,2305	9,2972	2,1976
7	2,0762	0,4817	0,10222	9,7833	0,21222	4,7122	12,1872	2,5863
8	2,3045	0,4339	0,08432	11,8594	0,19432	5,1461	15,2246	2,9585
9	2,5580	0,3909	0,07060	14,1640	0,18060	5,5370	18,3520	3,3144
10	2,8394	0,3522	0,05980	16,7220	0,16980	5,8892	21,5217	3,6544
11	3,1518	0,3173	0,05112	19,5614	0,16112	6,2065	24,6945	3,9788
12	3,4985	0,2858	0,04403	22,7132	0,15403	6,4924	27,8388	4,2879
13	3,8833	0,2575	0,03815	26,2116	0,14815	6,7499	30,9290	4,5822
14	4,3104	0,2320	0,03323	30,0949	0,14323	6,9819	33,9449	4,8619
15	4,7846	0,2090	0,02907	34,4054	0,13907	7,1909	36,8709	5,1275
16	5,3109	0,1883	0,02552	39,1899	0,13552	7,3792	39,6953	5,3794
17	5,8951	0,1696	0,02247	44,5008	0,13247	7,5488	42,4095	5,6180
18	6,5436	0,1528	0,01984	50,3959	0,12984	7,7016	45,0074	5,8439
19	7,2633	0,1377	0,01756	56,9395	0,12756	7,8393	47,4856	6,0574
20	8,0623	0,1240	0,01558	64,2028	0,12558	7,9633	49,8423	6,2590
21	8,9492	0,1117	0,01384	72,2651	0,12384	8,0751	52,0771	6,4491
22	9,9336	0,1007	0,01231	81,2143	0,12231	8,1757	54,1912	6,6283
23	11,0263	0,0907	0,01097	91,1479	0,12097	8,2664	56,1864	6,7969
24	12,2392	0,0817	0,00979	102,1742	0,11979	8,3481	58,0656	6,9555
25	13,5855	0,0736	0,00874	114,4133	0,11874	8,4217	59,8322	7,1045
26	15,0799	0,0663	0,00781	127,9988	0,11781	8,4881	61,4900	7,2443
27	16,7386	0,0597	0,00699	143,0786	0,11699	8,5478	63,0433	7,3754
28	18,5799	0,0538	0,00626	159,8173	0,11626	8,6016	64,4965	7,4982
29	20,6237	0,0485	0,00561	178,3972	0,11561	8,6501	65,8542	7,6131
30	22,8923	0,0437	0,00502	199,0209	0,11502	8,6938	67,1210	7,7206
31	25,4104	0,0394	0,00451	221,9132	0,11451	8,7331	68,3016	7,8210
32	28,2056	0,0355	0,00404	247,3236	0,11404	8,7686	69,4007	7,9147
33	31,3082	0,0319	0,00363	275,5292	0,11363	8,8005	70,4228	8,0021
34	34,7521	0,0288	0,00326	306,8374	0,11326	8,8293	71,3724	8,0836
35	38,5749	0,0259	0,00293	341,5896	0,11293	8,8552	72,2538	8,1594
40	65,0009	0,0154	0,00172	581,8261	0,11172	8,9511	75,7789	8,4659
45	109,5302	0,0091	0,00101	986,6386	0,11101	9,0079	78,1551	8,6763
50	184,5648	0,0054	0,00060	1.668,7712	0,11060	9,0417	79,7341	8,8185
55	311,0025	0,0032	0,00035	2.818,2042	0,11035	9,0617	80,7712	8,9135
60	524,0572	0,0019	0,00021	4.755,0658	0,11021	9,0736	81,4461	8,9762
65	883,0669	0,0011	0,00012	8.018,7903	0,11012	9,0806	81,8819	9,0172
70	1.488,0191	0,0007	0,00007	13.518,3557	0,11007	9,0848	82,1614	9,0438
75	2.507,3988	0,0004	0,00004	22.785,4434	0,11004	9,0873	82,3397	9,0610
80	4.225,1128	0,0002	0,00003	38.401,0250	0,11003	9,0888	82,4529	9,0720
85	7.119,5607	0,0001	0,00002	64.714,1881	0,11002	9,0896	82,5245	9,0790
90	11.996,8738	0,0001	0,00001	109.053,3983	0,11001	9,0902	82,5695	9,0834
95	20.215,4301		0,00001	183.767,5459	0,11001	9,0905	82,5978	9,0862
96	22.439,1274			203.982,9760	0,11000	9,0905	82,6021	9,0866
98	27.647,2488			251.329,5347	0,11000	9,0906	82,6094	9,0874
100	34.064,1753			309.665,2297	0,11000	9,0906	82,6155	9,0880

Tabla 15: Interés = 12.00%

12,00%			Flujo de efectivo discreto: Factores de interés compuesto					12,00%
	Pagos Únicos			Pagos de serie uniforme			Gradientes aritméticos	
n	Cantidad compuesta F/P	Valor presente P/F	Factor de amortización A/F	Cantidad compuesta F/A	Recuperación de capital A/P	Valor Presente P/A	Gradiente de valor presente P/G	Gradiente de serie anual A/G
1	1,1200	0,8929	1,00000	1,0000	1,12000	0,8929		
2	1,2544	0,7972	0,47170	2,1200	0,59170	1,6901	0,7972	0,4717
3	1,4049	0,7118	0,29635	3,3744	0,41635	2,4018	2,2208	0,9246
4	1,5735	0,6355	0,20923	4,7793	0,32923	3,0373	4,1273	1,3589
5	1,7623	0,5674	0,15741	6,3528	0,27741	3,6048	6,3970	1,7746
6	1,9738	0,5066	0,12323	8,1152	0,24323	4,1114	8,9302	2,1720
7	2,2107	0,4523	0,09912	10,0890	0,21912	4,5638	11,6443	2,5515
8	2,4760	0,4039	0,08130	12,2997	0,20130	4,9676	14,4714	2,9131
9	2,7731	0,3606	0,06768	14,7757	0,18768	5,3282	17,3563	3,2574
10	3,1058	0,3220	0,05698	17,5487	0,17698	5,6502	20,2541	3,5847
11	3,4785	0,2875	0,04842	20,6546	0,16842	5,9377	23,1288	3,8953
12	3,8960	0,2567	0,04144	24,1331	0,16144	6,1944	25,9523	4,1897
13	4,3635	0,2292	0,03568	28,0291	0,15568	6,4235	28,7024	4,4683
14	4,8871	0,2046	0,03087	32,3926	0,15087	6,6282	31,3624	4,7317
15	5,4736	0,1827	0,02682	37,2797	0,14682	6,8109	33,9202	4,9803
16	6,1304	0,1631	0,02339	42,7533	0,14339	6,9740	36,3670	5,2147
17	6,8660	0,1456	0,02046	48,8837	0,14046	7,1196	38,6973	5,4353
18	7,6900	0,1300	0,01794	55,7497	0,13794	7,2497	40,9080	5,6427
19	8,6128	0,1161	0,01576	63,4397	0,13576	7,3658	42,9979	5,8375
20	9,6463	0,1037	0,01388	72,0524	0,13388	7,4694	44,9676	6,0202
21	10,8038	0,0926	0,01224	81,6987	0,13224	7,5620	46,8188	6,1913
22	12,1003	0,0826	0,01081	92,5026	0,13081	7,6446	48,5543	6,3514
23	13,5523	0,0738	0,00956	104,6029	0,12956	7,7184	50,1776	6,5010
24	15,1786	0,0659	0,00846	118,1552	0,12846	7,7843	51,6929	6,6406
25	17,0001	0,0588	0,00750	133,3339	0,12750	7,8431	53,1046	6,7708
26	19,0401	0,0525	0,00665	150,3339	0,12665	7,8957	54,4177	6,8921
27	21,3249	0,0469	0,00590	169,3740	0,12590	7,9426	55,6369	7,0049
28	23,8839	0,0419	0,00524	190,6989	0,12524	7,9844	56,7674	7,1098
29	26,7499	0,0374	0,00466	214,5828	0,12466	8,0218	57,8141	7,2071
30	29,9599	0,0334	0,00414	241,3327	0,12414	8,0552	58,7821	7,2974
31	33,5551	0,0298	0,00369	271,2926	0,12369	8,0850	59,6761	7,3811
32	37,5817	0,0266	0,00328	304,8477	0,12328	8,1116	60,5010	7,4586
33	42,0915	0,0238	0,00292	342,4294	0,12292	8,1354	61,2612	7,5302
34	47,1425	0,0212	0,00260	384,5210	0,12260	8,1566	61,9612	7,5965
35	52,7996	0,0189	0,00232	431,6635	0,12232	8,1755	62,6052	7,6577
40	93,0510	0,0107	0,00130	767,0914	0,12130	8,2438	65,1159	7,8988
45	163,9876	0,0061	0,00074	1.358,2300	0,12074	8,2825	66,7342	8,0572
50	289,0022	0,0035	0,00042	2.400,0182	0,12042	8,3045	67,7624	8,1597
55	509,3206	0,0020	0,00024	4.236,0050	0,12024	8,3170	68,4082	8,2251
60	897,5969	0,0011	0,00013	7.471,6411	0,12013	8,3240	68,8100	8,2664
65	1.581,8725	0,0006	0,00008	13.173,9374	0,12008	8,3281	69,0581	8,2922
70	2.787,7998	0,0004	0,00004	23.223,3319	0,12004	8,3303	69,2103	8,3082
75	4.913,0558	0,0002	0,00002	40.933,7987	0,12002	8,3316	69,3031	8,3181
80	8.658,4831	0,0001	0,00001	72.145,6925	0,12001	8,3324	69,3594	8,3241
85	15.259,2057	0,0001	0,00001	127.152	0,12001	8,3328	69,3935	8,3278
90	26.891,9342			224.091	0,12000	8,3330	69,4140	8,3300
95	47.392,7766			394.931	0,12000	8,3332	69,4263	8,3313
96	53.079,9098			442.324	0,12000	8,3332	69,4281	8,3315
98	66.583,4389			554.854	0,12000	8,3332	69,4311	8,3319
100	83.522,2657			696.011	0,12000	8,3332	69,4336	8,3321

Tabla 16: Interés = 14.00%

	Pagos Únicos		Pagos de serie uniforme				Gradientes aritméticos	
n	Cantidad compuesta F/P	Valor presente P/F	Factor de amortización A/F	Cantidad compuesta F/A	Recuperación de capital A/P	Valor Presente P/A	Gradiente de valor presente P/G	Gradiente de serie anual A/G
1	1,1400	0,8772	1,00000	1,0000	1,14000	0,8772		
2	1,2996	0,7695	0,46729	2,1400	0,60729	1,6467	0,7695	0,4673
3	1,4815	0,6750	0,29073	3,4396	0,43073	2,3216	2,1194	0,9129
4	1,6890	0,5921	0,20320	4,9211	0,34320	2,9137	3,8957	1,3370
5	1,9254	0,5194	0,15128	6,6101	0,29128	3,4331	5,9731	1,7399
6	2,1950	0,4556	0,11716	8,5355	0,25716	3,8887	8,2511	2,1218
7	2,5023	0,3996	0,09319	10,7305	0,23319	4,2883	10,6489	2,4832
8	2,8526	0,3506	0,07557	13,2328	0,21557	4,6389	13,1028	2,8246
9	3,2519	0,3075	0,06217	16,0853	0,20217	4,9464	15,5629	3,1463
10	3,7072	0,2697	0,05171	19,3373	0,19171	5,2161	17,9906	3,4490
11	4,2262	0,2366	0,04339	23,0445	0,18339	5,4527	20,3567	3,7333
12	4,8179	0,2076	0,03667	27,2707	0,17667	5,6603	22,6399	3,9998
13	5,4924	0,1821	0,03116	32,0887	0,17116	5,8424	24,8247	4,2491
14	6,2613	0,1597	0,02661	37,5811	0,16661	6,0021	26,9009	4,4819
15	7,1379	0,1401	0,02281	43,8424	0,16281	6,1422	28,8623	4,6990
16	8,1372	0,1229	0,01962	50,9804	0,15962	6,2651	30,7057	4,9011
17	9,2765	0,1078	0,01692	59,1176	0,15692	6,3729	32,4305	5,0888
18	10,5752	0,0946	0,01462	68,3941	0,15462	6,4674	34,0380	5,2630
19	12,0557	0,0829	0,01266	78,9692	0,15266	6,5504	35,5311	5,4243
20	13,7435	0,0728	0,01099	91,0249	0,15099	6,6231	36,9135	5,5734
21	15,6676	0,0638	0,00954	104,7684	0,14954	6,6870	38,1901	5,7111
22	17,8610	0,0560	0,00830	120,4360	0,14830	6,7429	39,3658	5,8381
23	20,3616	0,0491	0,00723	138,2970	0,14723	6,7921	40,4463	5,9549
24	23,2122	0,0431	0,00630	158,6586	0,14630	6,8351	41,4371	6,0624
25	26,4619	0,0378	0,00550	181,8708	0,14550	6,8729	42,3441	6,1610
26	30,1666	0,0331	0,00480	208,3327	0,14480	6,9061	43,1728	6,2514
27	34,3899	0,0291	0,00419	238,4993	0,14419	6,9352	43,9289	6,3342
28	39,2045	0,0255	0,00366	272,8892	0,14366	6,9607	44,6176	6,4100
29	44,6931	0,0224	0,00320	312,0937	0,14320	6,9830	45,2441	6,4791
30	50,9502	0,0196	0,00280	356,7868	0,14280	7,0027	45,8132	6,5423
31	58,0832	0,0172	0,00245	407,7370	0,14245	7,0199	46,3297	6,5998
32	66,2148	0,0151	0,00215	465,8202	0,14215	7,0350	46,7979	6,6522
33	75,4849	0,0132	0,00188	532,0350	0,14188	7,0482	47,2218	6,6998
34	86,0528	0,0116	0,00165	607,5199	0,14165	7,0599	47,6053	6,7431
35	98,1002	0,0102	0,00144	693,5727	0,14144	7,0700	47,9519	6,7824
40	188,8835	0,0053	0,00075	1.342,0251	0,14075	7,1050	49,2376	6,9300
45	363,6791	0,0027	0,00039	2.590,5648	0,14039	7,1232	49,9963	7,0188
50	700,2330	0,0014	0,00020	4.994,5213	0,14020	7,1327	50,4375	7,0714
55	1.348,2388	0,0007	0,00010	9.623,1343	0,14010	7,1376	50,6912	7,1020
60	2.595,9187	0,0004	0,00005	18.535,1333	0,14005	7,1401	50,8357	7,1197
65	4.998,2196	0,0002	0,00003	35.694,4260	0,14003	7,1414	50,9173	7,1298
70	9.623,6450	0,0001	0,00001	68.733,1785	0,14001	7,1421	50,9632	7,1356
75	18.529,5064	0,0001	0,00001	132.346	0,14001	7,1425	50,9887	7,1388
80	35.676,9818			254.828	0,14000	7,1427	51,0030	7,1406
85	68.692,9810			490.657	0,14000	7,1428	51,0108	7,1416
90	132.262,4674			944.725	0,14000	7,1428	51,0152	7,1422
95	254.660,0834			1.818.993	0,14000	7,1428	51,0175	7,1425
96	290.312,4951			2.073.654	0,14000	7,1428	51,0179	7,1425
98	377.290,1186			2.694.922	0,14000	7,1428	51,0184	7,1426
100	490.326,2381			3.502.323	0,14000	7,1428	51,0188	7,1427

Tabla 17: Interés = 15.00%

15,00%	Flujo de efectivo discreto: Factores de interés compuesto							15,00%
	Pagos Únicos		Pagos de serie uniforme				Gradientes aritméticos	
n	Cantidad compuesta F/P	Valor presente P/F	Factor de amortización A/F	Cantidad compuesta F/A	Recuperación de capital A/P	Valor Presente P/A	Gradiente de valor presente P/G	Gradiente de serie anual A/G
1	1,1500	0,8696	1,00000	1,0000	1,15000	0,8696		
2	1,3225	0,7561	0,46512	2,1500	0,61512	1,6257	0,7561	0,4651
3	1,5209	0,6575	0,28798	3,4725	0,43798	2,2832	2,0712	0,9071
4	1,7490	0,5718	0,20027	4,9934	0,35027	2,8550	3,7864	1,3263
5	2,0114	0,4972	0,14832	6,7424	0,29832	3,3522	5,7751	1,7228
6	2,3131	0,4323	0,11424	8,7537	0,26424	3,7845	7,9368	2,0972
7	2,6600	0,3759	0,09036	11,0668	0,24036	4,1604	10,1924	2,4498
8	3,0590	0,3269	0,07285	13,7268	0,22285	4,4873	12,4807	2,7813
9	3,5179	0,2843	0,05957	16,7858	0,20957	4,7716	14,7548	3,0922
10	4,0456	0,2472	0,04925	20,3037	0,19925	5,0188	16,9795	3,3832
11	4,6524	0,2149	0,04107	24,3493	0,19107	5,2337	19,1289	3,6549
12	5,3503	0,1869	0,03448	29,0017	0,18448	5,4206	21,1849	3,9082
13	6,1528	0,1625	0,02911	34,3519	0,17911	5,5831	23,1352	4,1438
14	7,0757	0,1413	0,02469	40,5047	0,17469	5,7245	24,9725	4,3624
15	8,1371	0,1229	0,02102	47,5804	0,17102	5,8474	26,6930	4,5650
16	9,3576	0,1069	0,01795	55,7175	0,16795	5,9542	28,2960	4,7522
17	10,7613	0,0929	0,01537	65,0751	0,16537	6,0472	29,7828	4,9251
18	12,3755	0,0808	0,01319	75,8364	0,16319	6,1280	31,1565	5,0843
19	14,2318	0,0703	0,01134	88,2118	0,16134	6,1982	32,4213	5,2307
20	16,3665	0,0611	0,00976	102,4436	0,15976	6,2593	33,5822	5,3651
21	18,8215	0,0531	0,00842	118,8101	0,15842	6,3125	34,6448	5,4883
22	21,6447	0,0462	0,00727	137,6316	0,15727	6,3587	35,6150	5,6010
23	24,8915	0,0402	0,00628	159,2764	0,15628	6,3988	36,4988	5,7040
24	28,6252	0,0349	0,00543	184,1678	0,15543	6,4338	37,3023	5,7979
25	32,9190	0,0304	0,00470	212,7930	0,15470	6,4641	38,0314	5,8834
26	37,8568	0,0264	0,00407	245,7120	0,15407	6,4906	38,6918	5,9612
27	43,5353	0,0230	0,00353	283,5688	0,15353	6,5135	39,2890	6,0319
28	50,0656	0,0200	0,00306	327,1041	0,15306	6,5335	39,8283	6,0960
29	57,5755	0,0174	0,00265	377,1697	0,15265	6,5509	40,3146	6,1541
30	66,2118	0,0151	0,00230	434,7451	0,15230	6,5660	40,7526	6,2066
31	76,1435	0,0131	0,00200	500,9569	0,15200	6,5791	41,1466	6,2541
32	87,5651	0,0114	0,00173	577,1005	0,15173	6,5905	41,5006	6,2970
33	100,6998	0,0099	0,00150	664,6655	0,15150	6,6005	41,8184	6,3357
34	115,8048	0,0086	0,00131	765,3654	0,15131	6,6091	42,1033	6,3705
35	133,1755	0,0075	0,00113	881,1702	0,15113	6,6166	42,3586	6,4019
40	267,8635	0,0037	0,00056	1.779,0903	0,15056	6,6418	43,2830	6,5168
45	538,7693	0,0019	0,00028	3.585,1285	0,15028	6,6543	43,8051	6,5830
50	1.083,6574	0,0009	0,00014	7.217,7163	0,15014	6,6605	44,0958	6,6205
55	2.179,6222	0,0005	0,00007	14.524,1479	0,15007	6,6636	44,2558	6,6414
60	4.383,9987	0,0002	0,00003	29.219,9916	0,15003	6,6651	44,3431	6,6530
65	8.817,7874	0,0001	0,00002	58.778,5826	0,15002	6,6659	44,3903	6,6593
70	17.735,7200	0,0001	0,00001	118.231	0,15001	6,6663	44,4156	6,6627
75	35.672,8680			237.812	0,15000	6,6665	44,4292	6,6646
80	71.750,8794			478.333	0,15000	6,6666	44,4364	6,6656
85	144.316,6470			962.104	0,15000	6,6666	44,4402	6,6661
90	290.272,325			1.935.142	0,15000	6,6666	44,4422	6,6664
95	583.841,328			3.892.269	0,15000	6,6667	44,4433	6,6665
96	671.417,527			4.476.110	0,15000	6,6667	44,4434	6,6665
98	887.949,679			5.919.658	0,15000	6,6667	44,4437	6,6666
100	1.174.313,451			7.828.750	0,15000	6,6667	44,4438	6,6666

Tabla 18: Interés = 16.00%

	16,00%		Flujo de efectivo discreto: Factores de interés compuesto					16,00%
	Pagos Únicos			Pagos de serie uniforme			Gradientes aritméticos	
n	Cantidad compuesta F/P	Valor presente P/F	Factor de amortización A/F	Cantidad compuesta F/A	Recuperación de capital A/P	Valor Presente P/A	Gradiente de valor presente P/G	Gradiente de serie anual A/G
1	1,1600	0,8621	1,00000	1,0000	1,16000	0,8621		
2	1,3456	0,7432	0,46296	2,1600	0,62296	1,6052	0,7432	0,4630
3	1,5609	0,6407	0,28526	3,5056	0,44526	2,2459	2,0245	0,9014
4	1,8106	0,5523	0,19738	5,0665	0,35738	2,7982	3,6814	1,3156
5	2,1003	0,4761	0,14541	6,8771	0,30541	3,2743	5,5858	1,7060
6	2,4364	0,4104	0,11139	8,9775	0,27139	3,6847	7,6380	2,0729
7	2,8262	0,3538	0,08761	11,4139	0,24761	4,0386	9,7610	2,4169
8	3,2784	0,3050	0,07022	14,2401	0,23022	4,3436	11,8962	2,7388
9	3,8030	0,2630	0,05708	17,5185	0,21708	4,6065	13,9998	3,0391
10	4,4114	0,2267	0,04690	21,3215	0,20690	4,8332	16,0399	3,3187
11	5,1173	0,1954	0,03886	25,7329	0,19886	5,0286	17,9941	3,5783
12	5,9360	0,1685	0,03241	30,8502	0,19241	5,1971	19,8472	3,8189
13	6,8858	0,1452	0,02718	36,7862	0,18718	5,3423	21,5899	4,0413
14	7,9875	0,1252	0,02290	43,6720	0,18290	5,4675	23,2175	4,2464
15	9,2655	0,1079	0,01936	51,6595	0,17936	5,5755	24,7284	4,4352
16	10,7480	0,0930	0,01641	60,9250	0,17641	5,6685	26,1241	4,6086
17	12,4677	0,0802	0,01395	71,6730	0,17395	5,7487	27,4074	4,7676
18	14,4625	0,0691	0,01188	84,1407	0,17188	5,8178	28,5828	4,9130
19	16,7765	0,0596	0,01014	98,6032	0,17014	5,8775	29,6557	5,0457
20	19,4608	0,0514	0,00867	115,3797	0,16867	5,9288	30,6321	5,1666
21	22,5745	0,0443	0,00742	134,8405	0,16742	5,9731	31,5180	5,2766
22	26,1864	0,0382	0,00635	157,4150	0,16635	6,0113	32,3200	5,3765
23	30,3762	0,0329	0,00545	183,6014	0,16545	6,0442	33,0442	5,4671
24	35,2364	0,0284	0,00467	213,9776	0,16467	6,0726	33,6970	5,5490
25	40,8742	0,0245	0,00401	249,2140	0,16401	6,0971	34,2841	5,6230
26	47,4141	0,0211	0,00345	290,0883	0,16345	6,1182	34,8114	5,6898
27	55,0004	0,0182	0,00296	337,5024	0,16296	6,1364	35,2841	5,7500
28	63,8004	0,0157	0,00255	392,5028	0,16255	6,1520	35,7073	5,8041
29	74,0085	0,0135	0,00219	456,3032	0,16219	6,1656	36,0856	5,8528
30	85,8499	0,0116	0,00189	530,3117	0,16189	6,1772	36,4234	5,8964
31	99,5859	0,0100	0,00162	616,1616	0,16162	6,1872	36,7247	5,9356
32	115,5196	0,0087	0,00140	715,7475	0,16140	6,1959	36,9930	5,9706
33	134,0027	0,0075	0,00120	831,2671	0,16120	6,2034	37,2318	6,0019
34	155,4432	0,0064	0,00104	965,2698	0,16104	6,2098	37,4441	6,0299
35	180,3141	0,0055	0,00089	1.120,7130	0,16089	6,2153	37,6327	6,0548
36	209,1643	0,0048	0,00077	1.301,0270	0,16077	6,2201	37,8000	6,0771
38	281,4515	0,0036	0,00057	1.752,8220	0,16057	6,2278	38,0799	6,1145
40	378,7212	0,0026	0,00042	2.360,7572	0,16042	6,2335	38,2992	6,1441
45	795,4438	0,0013	0,00020	4.965,2739	0,16020	6,2421	38,6598	6,1934
50	1.670,7038	0,0006	0,00010	10.435,6488	0,16010	6,2463	38,8521	6,2201
55	3.509,0488	0,0003	0,00005	21.925,3050	0,16005	6,2482	38,9534	6,2343
60	7.370,2014	0,0001	0,00002	46.057,5085	0,16002	6,2492	39,0063	6,2419
65	15.479,9410	0,0001	0,00001	96.743,3810	0,16001	6,2496	39,0337	6,2458
70	32.513,1648			203.201	0,16000	6,2498	39,0478	6,2478
75	68.288,7545			426.798	0,16000	6,2499	39,0551	6,2489
80	143.429,7159			896.429	0,16000	6,2500	39,0587	6,2494
85	301.251,4072			1.882.815	0,16000	6,2500	39,0606	6,2497
90	632.730,880			3.954.562	0,16000	6,2500	39,0615	6,2499
95	1.328.951,025			8.305.938	0,16000	6,2500	39,0620	6,2499
96	1.541.583,189			9.634.889	0,16000	6,2500	39,0621	6,2499
98	2.074.354,340			12.964.708	0,16000	6,2500	39,0622	6,2500
100	2.791.251,199			17.445.314	0,16000	6,2500	39,0623	6,2500

Tabla 19: Interés = 18.00%

18,00%			Flujo de efectivo discreto: Factores de interés compuesto					18,00%
	Pagos Únicos			Pagos de serie uniforme			Gradientes aritméticos	
n	Cantidad compuesta F/P	Valor presente P/F	Factor de amortización A/F	Cantidad compuesta F/A	Recuperación de capital A/P	Valor Presente P/A	Gradiente de valor presente P/G	Gradiente de serie anual A/G
1	1,1800	0,8475	1,00000	1,0000	1,18000	0,8475		
2	1,3924	0,7182	0,45872	2,1800	0,63872	1,5656	0,7182	0,4587
3	1,6430	0,6086	0,27992	3,5724	0,45992	2,1743	1,9354	0,8902
4	1,9388	0,5158	0,19174	5,2154	0,37174	2,6901	3,4828	1,2947
5	2,2878	0,4371	0,13978	7,1542	0,31978	3,1272	5,2312	1,6728
6	2,6996	0,3704	0,10591	9,4420	0,28591	3,4976	7,0834	2,0252
7	3,1855	0,3139	0,08236	12,1415	0,26236	3,8115	8,9670	2,3526
8	3,7589	0,2660	0,06524	15,3270	0,24524	4,0776	10,8292	2,6558
9	4,4355	0,2255	0,05239	19,0859	0,23239	4,3030	12,6329	2,9358
10	5,2338	0,1911	0,04251	23,5213	0,22251	4,4941	14,3525	3,1936
11	6,1759	0,1619	0,03478	28,7551	0,21478	4,6560	15,9716	3,4303
12	7,2876	0,1372	0,02863	34,9311	0,20863	4,7932	17,4811	3,6470
13	8,5994	0,1163	0,02369	42,2187	0,20369	4,9095	18,8765	3,8449
14	10,1472	0,0985	0,01968	50,8180	0,19968	5,0081	20,1576	4,0250
15	11,9737	0,0835	0,01640	60,9653	0,19640	5,0916	21,3269	4,1887
16	14,1290	0,0708	0,01371	72,9390	0,19371	5,1624	22,3885	4,3369
17	16,6722	0,0600	0,01149	87,0680	0,19149	5,2223	23,3482	4,4708
18	19,6733	0,0508	0,00964	103,7403	0,18964	5,2732	24,2123	4,5916
19	23,2144	0,0431	0,00810	123,4135	0,18810	5,3162	24,9877	4,7003
20	27,3930	0,0365	0,00682	146,6280	0,18682	5,3527	25,6813	4,7978
21	32,3238	0,0309	0,00575	174,0210	0,18575	5,3837	26,3000	4,8851
22	38,1421	0,0262	0,00485	206,3448	0,18485	5,4099	26,8506	4,9632
23	45,0076	0,0222	0,00409	244,4868	0,18409	5,4321	27,3394	5,0329
24	53,1090	0,0188	0,00345	289,4945	0,18345	5,4509	27,7725	5,0950
25	62,6686	0,0160	0,00292	342,6035	0,18292	5,4669	28,1555	5,1502
26	73,9490	0,0135	0,00247	405,2721	0,18247	5,4804	28,4935	5,1991
27	87,2598	0,0115	0,00209	479,2211	0,18209	5,4919	28,7915	5,2425
28	102,9666	0,0097	0,00177	566,4809	0,18177	5,5016	29,0537	5,2810
29	121,5005	0,0082	0,00149	669,4475	0,18149	5,5098	29,2842	5,3149
30	143,3706	0,0070	0,00126	790,9480	0,18126	5,5168	29,4864	5,3448
31	169,1774	0,0059	0,00107	934,3186	0,18107	5,5227	29,6638	5,3712
32	199,6293	0,0050	0,00091	1.103,4960	0,18091	5,5277	29,8191	5,3945
33	235,5625	0,0042	0,00077	1.303,1253	0,18077	5,5320	29,9549	5,4149
34	277,9638	0,0036	0,00065	1.538,6878	0,18065	5,5356	30,0736	5,4328
35	327,9973	0,0030	0,00055	1.816,6516	0,18055	5,5386	30,1773	5,4485
36	387,0368	0,0026	0,00047	2.144,6489	0,18047	5,5412	30,2677	5,4623
38	538,9100	0,0019	0,00033	2.988,3891	0,18033	5,5452	30,4152	5,4849
40	750,3783	0,0013	0,00024	4.163,2130	0,18024	5,5482	30,5269	5,5022
45	1.716,6839	0,0006	0,00010	9.531,5771	0,18010	5,5523	30,7006	5,5293
50	3.927,3569	0,0003	0,00005	21.813,0937	0,18005	5,5541	30,7856	5,5428
55	8.984,8411	0,0001	0,00002	49.910,2284	0,18002	5,5549	30,8268	5,5494
60	20.555,1400		0,00001	114.190	0,18001	5,5553	30,8465	5,5526
65	47.025,1809			261.245	0,18000	5,5554	30,8559	5,5542
70	107.582,2224			597.673	0,18000	5,5555	30,8603	5,5549
75	246.122,0637			1.367.339	0,18000	5,5555	30,8624	5,5553
80	563.067,6604			3.128.148	0,18000	5,5555	30,8634	5,5554
85	1.288.162,408			7.156.452	0,18000	5,5556	30,8638	5,5555
90	2.947.003,540			16.372.236	0,18000	5,5556	30,8640	5,5555
95	6.742.030,208			37.455.718	0,18000	5,5556	30,8641	5,5555
96	7.955.595,646			44.197.748	0,18000	5,5556	30,8641	5,5555
98	11.077.371,38			61.540.947	0,18000	5,5556	30,8641	5,5555
100	15.424.131,91			85.689.616	0,18000	5,5556	30,8642	5,5555

Tabla 20: Interés = 20.00%

	Pagos Únicos		Pagos de serie uniforme				Gradientes aritméticos	
n	Cantidad compuesta F/P	Valor presente P/F	Factor de amortización A/F	Cantidad compuesta F/A	Recuperación de capital A/P	Valor Presente P/A	Gradiente de valor presente P/G	Gradiente de serie anual A/G
1	1,2000	0,8333	1,00000	1,0000	1,20000	0,8333		
2	1,4400	0,6944	0,45455	2,2000	0,65455	1,5278	0,6944	0,4545
3	1,7280	0,5787	0,27473	3,6400	0,47473	2,1065	1,8519	0,8791
4	2,0736	0,4823	0,18629	5,3680	0,38629	2,5887	3,2986	1,2742
5	2,4883	0,4019	0,13438	7,4416	0,33438	2,9906	4,9061	1,6405
6	2,9860	0,3349	0,10071	9,9299	0,30071	3,3255	6,5806	1,9788
7	3,5832	0,2791	0,07742	12,9159	0,27742	3,6046	8,2551	2,2902
8	4,2998	0,2326	0,06061	16,4991	0,26061	3,8372	9,8831	2,5756
9	5,1598	0,1938	0,04808	20,7989	0,24808	4,0310	11,4335	2,8364
10	6,1917	0,1615	0,03852	25,9587	0,23852	4,1925	12,8871	3,0739
11	7,4301	0,1346	0,03110	32,1504	0,23110	4,3271	14,2330	3,2893
12	8,9161	0,1122	0,02526	39,5805	0,22526	4,4392	15,4667	3,4841
13	10,6993	0,0935	0,02062	48,4966	0,22062	4,5327	16,5883	3,6597
14	12,8392	0,0779	0,01689	59,1959	0,21689	4,6106	17,6008	3,8175
15	15,4070	0,0649	0,01388	72,0351	0,21388	4,6755	18,5095	3,9588
16	18,4884	0,0541	0,01144	87,4421	0,21144	4,7296	19,3208	4,0851
17	22,1861	0,0451	0,00944	105,9306	0,20944	4,7746	20,0419	4,1976
18	26,6233	0,0376	0,00781	128,1167	0,20781	4,8122	20,6805	4,2975
19	31,9480	0,0313	0,00646	154,7400	0,20646	4,8435	21,2439	4,3861
20	38,3376	0,0261	0,00536	186,6880	0,20536	4,8696	21,7395	4,4643
21	46,0051	0,0217	0,00444	225,0256	0,20444	4,8913	22,1742	4,5334
22	55,2061	0,0181	0,00369	271,0307	0,20369	4,9094	22,5546	4,5941
23	66,2474	0,0151	0,00307	326,2369	0,20307	4,9245	22,8867	4,6475
24	79,4968	0,0126	0,00255	392,4842	0,20255	4,9371	23,1760	4,6943
25	95,3962	0,0105	0,00212	471,9811	0,20212	4,9476	23,4276	4,7352
26	114,4755	0,0087	0,00176	567,3773	0,20176	4,9563	23,6460	4,7709
27	137,3706	0,0073	0,00147	681,8528	0,20147	4,9636	23,8353	4,8020
28	164,8447	0,0061	0,00122	819,2233	0,20122	4,9697	23,9991	4,8291
29	197,8136	0,0051	0,00102	984,0680	0,20102	4,9747	24,1406	4,8527
30	237,3763	0,0042	0,00085	1.181,8816	0,20085	4,9789	24,2628	4,8731
31	284,8516	0,0035	0,00070	1.419,2579	0,20070	4,9824	24,3681	4,8908
32	341,8219	0,0029	0,00059	1.704,1095	0,20059	4,9854	24,4588	4,9061
33	410,1863	0,0024	0,00049	2.045,9314	0,20049	4,9878	24,5368	4,9194
34	492,2235	0,0020	0,00041	2.456,1176	0,20041	4,9898	24,6038	4,9308
35	590,6682	0,0017	0,00034	2.948,3411	0,20034	4,9915	24,6614	4,9406
36	708,8019	0,0014	0,00028	3.539,0094	0,20028	4,9929	24,7108	4,9491
38	1.020,6747	0,0010	0,00020	5.098,3735	0,20020	4,9951	24,7894	4,9627
40	1.469,7716	0,0007	0,00014	7.343,8578	0,20014	4,9966	24,8469	4,9728
45	3.657,2620	0,0003	0,00005	18.281,3099	0,20005	4,9986	24,9316	4,9877
50	9.100,4382	0,0001	0,00002	45.497,1908	0,20002	4,9995	24,9698	4,9945
55	22.644,8023		0,00001	113.219	0,20001	4,9998	24,9868	4,9976
60	56.347,5144			281.733	0,20000	4,9999	24,9942	4,9989
65	140.210,6469			701.048	0,20000	5,0000	24,9975	4,9995
70	348.888,9569			1.744.440	0,20000	5,0000	24,9989	4,9998
75	868.147,3693			4.340.732	0,20000	5,0000	24,9995	4,9999
80	2.160.228,46			10.801.137	0,20000	5,0000	24,9998	5,0000
85	5.375.339,69			26.876.693	0,20000	5,0000	24,9999	5,0000
90	13.375.565,25			66.877.821	0,20000	5,0000	25,0000	5,0000
95	33.282.686,52			166.413.428	0,20000	5,0000	25,0000	5,0000
96	39.939.223,82			199.696.114	0,20000	5,0000	25,0000	5,0000
98	57.512.482,31			287.562.407	0,20000	5,0000	25,0000	5,0000
100	82.817.974,52			414.089.868	0,20000	5,0000	25,0000	5,0000

Tabla 21: Interés = 24.00%

	Pagos Únicos		Pagos de serie uniforme				Gradientes aritméticos	
n	Cantidad compuesta F/P	Valor presente P/F	Factor de amortización A/F	Cantidad compuesta F/A	Recuperación de capital A/P	Valor Presente P/A	Gradiente de valor presente P/G	Gradiente de serie anual A/G
1	1,2400	0,8065	1,00000	1,0000	1,24000	0,8065		
2	1,5376	0,6504	0,44643	2,2400	0,68643	1,4568	0,6504	0,4464
3	1,9066	0,5245	0,26472	3,7776	0,50472	1,9813	1,6993	0,8577
4	2,3642	0,4230	0,17593	5,6842	0,41593	2,4043	2,9683	1,2346
5	2,9316	0,3411	0,12425	8,0484	0,36425	2,7454	4,3327	1,5782
6	3,6352	0,2751	0,09107	10,9801	0,33107	3,0205	5,7081	1,8898
7	4,5077	0,2218	0,06842	14,6153	0,30842	3,2423	7,0392	2,1710
8	5,5895	0,1789	0,05229	19,1229	0,29229	3,4212	8,2915	2,4236
9	6,9310	0,1443	0,04047	24,7125	0,28047	3,5655	9,4458	2,6492
10	8,5944	0,1164	0,03160	31,6434	0,27160	3,6819	10,4930	2,8499
11	10,6571	0,0938	0,02485	40,2379	0,26485	3,7757	11,4313	3,0276
12	13,2148	0,0757	0,01965	50,8950	0,25965	3,8514	12,2637	3,1843
13	16,3863	0,0610	0,01560	64,1097	0,25560	3,9124	12,9960	3,3218
14	20,3191	0,0492	0,01242	80,4961	0,25242	3,9616	13,6358	3,4420
15	25,1956	0,0397	0,00992	100,8151	0,24992	4,0013	14,1915	3,5467
16	31,2426	0,0320	0,00794	126,0108	0,24794	4,0333	14,6716	3,6376
17	38,7408	0,0258	0,00636	157,2534	0,24636	4,0591	15,0846	3,7162
18	48,0386	0,0208	0,00510	195,9942	0,24510	4,0799	15,4385	3,7840
19	59,5679	0,0168	0,00410	244,0328	0,24410	4,0967	15,7406	3,8423
20	73,8641	0,0135	0,00329	303,6006	0,24329	4,1103	15,9979	3,8922
21	91,5915	0,0109	0,00265	377,4648	0,24265	4,1212	16,2162	3,9349
22	113,5735	0,0088	0,00213	469,0563	0,24213	4,1300	16,4011	3,9712
23	140,8312	0,0071	0,00172	582,6298	0,24172	4,1371	16,5574	4,0022
24	174,6306	0,0057	0,00138	723,4610	0,24138	4,1428	16,6891	4,0284
25	216,5420	0,0046	0,00111	898,0916	0,24111	4,1474	16,7999	4,0507
26	268,5121	0,0037	0,00090	1.114,6336	0,24090	4,1511	16,8930	4,0695
27	332,9550	0,0030	0,00072	1.383,1457	0,24072	4,1542	16,9711	4,0853
28	412,8642	0,0024	0,00058	1.716,1007	0,24058	4,1566	17,0365	4,0987
29	511,9516	0,0020	0,00047	2.128,9648	0,24047	4,1585	17,0912	4,1099
30	634,8199	0,0016	0,00038	2.640,9164	0,24038	4,1601	17,1369	4,1193
31	787,1767	0,0013	0,00031	3.275,7363	0,24031	4,1614	17,1750	4,1272
32	976,0991	0,0010	0,00025	4.062,9130	0,24025	4,1624	17,2067	4,1338
33	1.210,3629	0,0008	0,00020	5.039,0122	0,24020	4,1632	17,2332	4,1394
34	1.500,8500	0,0007	0,00016	6.249,3751	0,24016	4,1639	17,2552	4,1440
35	1.861,0540	0,0005	0,00013	7.750,2251	0,24013	4,1644	17,2734	4,1479
36	2.307,7070	0,0004	0,00010	9.611,2791	0,24010	4,1649	17,2886	4,1511
38	3.548,3303	0,0003	0,00007	14.780,5428	0,24007	4,1655	17,3116	4,1560
40	5.455,9126	0,0002	0,00004	22.728,8026	0,24004	4,1659	17,3274	4,1593
45	15.994,6902	0,0001	0,00002	66.640,3758	0,24002	4,1664	17,3483	4,1639
50	46.890,4346		0,00001	195.372,6442	0,24001	4,1666	17,3563	4,1656
55	137.465,1733			572.767,3888	0,24000	4,1666	17,3593	4,1663
60	402.996,3473			1.679.147	0,24000	4,1667	17,3604	4,1665
65	1.181.434			4.922.638	0,24000	4,1667	17,3609	4,1666
70	3.463.522			14.431.338	0,24000	4,1667	17,3610	4,1666
75	10.153.748			42.307.280	0,24000	4,1667	17,3611	4,1667
80	29.766.983			124.029.090	0,24000	4,1667	17,3611	4,1667
85	87.265.632			363.606.796	0,24000	4,1667	17,3611	4,1667
90	255.830.114			1.065.958.805	0,24000	4,1667	17,3611	4,1667
95	749.997.974			3.124.991.556	0,24000	4,1667	17,3611	4,1667
96	929.997.488			3.874.989.530	0,24000	4,1667	17,3611	4,1667
98	1.429.964.138			5.958.183.903	0,24000	4,1667	17,3611	4,1667
100	2.198.712.858			9.161.303.572	0,24000	4,1667	17,3611	4,1667

Tabla 22: Interés = 30.00%

	Pagos Únicos		Pagos de serie uniforme				Gradientes aritméticos	
n	Cantidad compuesta F/P	Valor presente P/F	Factor de amortización A/F	Cantidad compuesta F/A	Recuperación de capital A/P	Valor Presente P/A	Gradiente de valor presente P/G	Gradiente de serie anual A/G
1	1,3000	0,7692	1,00000	1,0000	1,30000	0,7692		
2	1,6900	0,5917	0,43478	2,3000	0,73478	1,3609	0,5917	0,4348
3	2,1970	0,4552	0,25063	3,9900	0,55063	1,8161	1,5020	0,8271
4	2,8561	0,3501	0,16163	6,1870	0,46163	2,1662	2,5524	1,1783
5	3,7129	0,2693	0,11058	9,0431	0,41058	2,4356	3,6297	1,4903
6	4,8268	0,2072	0,07839	12,7560	0,37839	2,6427	4,6656	1,7654
7	6,2749	0,1594	0,05687	17,5828	0,35687	2,8021	5,6218	2,0063
8	8,1573	0,1226	0,04192	23,8577	0,34192	2,9247	6,4800	2,2156
9	10,6045	0,0943	0,03124	32,0150	0,33124	3,0190	7,2343	2,3963
10	13,7858	0,0725	0,02346	42,6195	0,32346	3,0915	7,8872	2,5512
11	17,9216	0,0558	0,01773	56,4053	0,31773	3,1473	8,4452	2,6833
12	23,2981	0,0429	0,01345	74,3270	0,31345	3,1903	8,9173	2,7952
13	30,2875	0,0330	0,01024	97,6250	0,31024	3,2233	9,3135	2,8895
14	39,3738	0,0254	0,00782	127,9125	0,30782	3,2487	9,6437	2,9685
15	51,1859	0,0195	0,00598	167,2863	0,30598	3,2682	9,9172	3,0344
16	66,5417	0,0150	0,00458	218,4722	0,30458	3,2832	10,1426	3,0892
17	86,5042	0,0116	0,00351	285,0139	0,30351	3,2948	10,3276	3,1345
18	112,4554	0,0089	0,00269	371,5180	0,30269	3,3037	10,4788	3,1718
19	146,1920	0,0068	0,00207	483,9734	0,30207	3,3105	10,6019	3,2025
20	190,0496	0,0053	0,00159	630,1655	0,30159	3,3158	10,7019	3,2275
21	247,0645	0,0040	0,00122	820,2151	0,30122	3,3198	10,7828	3,2480
22	321,1839	0,0031	0,00094	1.067,2796	0,30094	3,3230	10,8482	3,2646
23	417,5391	0,0024	0,00072	1.388,4635	0,30072	3,3254	10,9009	3,2781
24	542,8008	0,0018	0,00055	1.806,0026	0,30055	3,3272	10,9433	3,2890
25	705,6410	0,0014	0,00043	2.348,8033	0,30043	3,3286	10,9773	3,2979
26	917,3333	0,0011	0,00033	3.054,4443	0,30033	3,3297	11,0045	3,3050
27	1.192,5333	0,0008	0,00025	3.971,7776	0,30025	3,3305	11,0263	3,3107
28	1.550,2933	0,0006	0,00019	5.164,3109	0,30019	3,3312	11,0437	3,3153
29	2.015,3813	0,0005	0,00015	6.714,6042	0,30015	3,3317	11,0576	3,3189
30	2.619,9956	0,0004	0,00011	8.729,9855	0,30011	3,3321	11,0687	3,3219
31	3.405,9943	0,0003	0,00009	11.349,9811	0,30009	3,3324	11,0775	3,3242
32	4.427,7926	0,0002	0,00007	14.755,9755	0,30007	3,3326	11,0845	3,3261
33	5.756,1304	0,0002	0,00005	19.183,7681	0,30005	3,3328	11,0901	3,3276
34	7.482,9696	0,0001	0,00004	24.939,8985	0,30004	3,3329	11,0945	3,3288
35	9.727,8604	0,0001	0,00003	32.422,8681	0,30003	3,3330	11,0980	3,3297
36	12.646,2186	0,0001	0,00002	42.150,7285	0,30002	3,3331	11,1007	3,3305
38	21.372,1094		0,00001	71.237,0312	0,30001	3,3332	11,1047	3,3316
40	36.118,8648		0,00001	120.392,8827	0,30001	3,3332	11,1071	3,3322
45	134.106,8167			447.019,3890	0,30000	3,3333	11,1099	3,3330
50	497.929,2230			1659761	0,30000	3,3333	11,1108	3,3332
55	1.848.776			6162584	0,30000	3,3333	11,1110	3,3333
60	6.864.377			22881254	0,30000	3,3333	11,1111	3,3333
65	25.486.952			84956503	0,30000	3,3333	11,1111	3,3333
70	94.631.268			315437558	0,30000	3,3333	11,1111	3,3333
75	351.359.276			1171197582	0,30000	3,3333	11,1111	3,3333
80	1.304.572.395			4348574647	0,30000	3,3333	11,1111	3,3333
85	4.843.785.983			16145953273	0,30000	3,3333	11,1111	3,3333
90				59948794293	0,30000	3,3333	11,1111	3,3333
95				222585676804	0,30000	3,3333	11,1111	3,3333
96				289361379846	0,30000	3,3333	11,1111	3,3333
98				489020731943	0,30000	3,3333	11,1111	3,3333
100				826445036985	0,30000	3,3333	11,1111	3,3333

Tabla 23: Interés = 40.00%

40,00%	Flujo de efectivo discreto: Factores de interés compuesto							40,00%
	Pagos Únicos		Pagos de serie uniforme				Gradientes aritméticos	
n	Cantidad compuesta F/P	Valor presente P/F	Factor de amortización A/F	Cantidad compuesta F/A	Recuperación de capital A/P	Valor Presente P/A	Gradiente de valor presente P/G	Gradiente de serie anual A/G
1	1,4000	0,7143	1,00000	1,0000	1,40000	0,7143		
2	1,9600	0,5102	0,41667	2,4000	0,81667	1,2245	0,5102	0,4167
3	2,7440	0,3644	0,22936	4,3600	0,62936	1,5889	1,2391	0,7798
4	3,8416	0,2603	0,14077	7,1040	0,54077	1,8492	2,0200	1,0923
5	5,3782	0,1859	0,09136	10,9456	0,49136	2,0352	2,7637	1,3580
6	7,5295	0,1328	0,06126	16,3238	0,46126	2,1680	3,4278	1,5811
7	10,5414	0,0949	0,04192	23,8534	0,44192	2,2628	3,9970	1,7664
8	14,7579	0,0678	0,02907	34,3947	0,42907	2,3306	4,4713	1,9185
9	20,6610	0,0484	0,02034	49,1526	0,42034	2,3790	4,8585	2,0422
10	28,9255	0,0346	0,01432	69,8137	0,41432	2,4136	5,1696	2,1419
11	40,4957	0,0247	0,01013	98,7391	0,41013	2,4383	5,4166	2,2215
12	56,6939	0,0176	0,00718	139,2348	0,40718	2,4559	5,6106	2,2845
13	79,3715	0,0126	0,00510	195,9287	0,40510	2,4685	5,7618	2,3341
14	111,1201	0,0090	0,00363	275,3002	0,40363	2,4775	5,8788	2,3729
15	155,5681	0,0064	0,00259	386,4202	0,40259	2,4839	5,9688	2,4030
16	217,7953	0,0046	0,00185	541,9883	0,40185	2,4885	6,0376	2,4262
17	304,9135	0,0033	0,00132	759,7837	0,40132	2,4918	6,0901	2,4441
18	426,8789	0,0023	0,00094	1.064,6971	0,40094	2,4941	6,1299	2,4577
19	597,6304	0,0017	0,00067	1.491,5760	0,40067	2,4958	6,1601	2,4682
20	836,6826	0,0012	0,00048	2.089,2064	0,40048	2,4970	6,1828	2,4761
21	1.171,3556	0,0009	0,00034	2.925,8889	0,40034	2,4979	6,1998	2,4821
22	1.639,8978	0,0006	0,00024	4.097,2445	0,40024	2,4985	6,2127	2,4866
23	2.295,8569	0,0004	0,00017	5.737,1423	0,40017	2,4989	6,2222	2,4900
24	3.214,1997	0,0003	0,00012	8.032,9993	0,40012	2,4992	6,2294	2,4925
25	4.499,8796	0,0002	0,00009	11.247,1990	0,40009	2,4994	6,2347	2,4944
26	6.299,8314	0,0002	0,00006	15.747,0785	0,40006	2,4996	6,2387	2,4959
27	8.819,7640	0,0001	0,00005	22.046,9099	0,40005	2,4997	6,2416	2,4969
28	12.347,6696	0,0001	0,00003	30.866,6739	0,40003	2,4998	6,2438	2,4977
29	17.286,7374	0,0001	0,00002	43.214,3435	0,40002	2,4999	6,2454	2,4983
30	24.201,4324		0,00002	60.501,0809	0,40002	2,4999	6,2466	2,4988
31	33.882,0053		0,00001	84.702,5132	0,40001	2,4999	6,2475	2,4991
32	47.434,8074		0,00001	118.584,5185	0,40001	2,4999	6,2482	2,4993
33	66.408,7304		0,00001	166.019,3260	0,40001	2,5000	6,2487	2,4995
34	92.972,2225			232.428,0563	0,40000	2,5000	6,2490	2,4996
35	130.161,1116			325.400,2789	0,40000	2,5000	6,2493	2,4997
36	182.225,5562			455.561,3904	0,40000	2,5000	6,2495	2,4998
38	357.162,0901			892.902,7252	0,40000	2,5000	6,2497	2,4999
40	700.037,6966			1.750.091,7415	0,40000	2,5000	6,2498	2,4999
45	3.764.971			9.412.424,3533	0,40000	2,5000	6,2500	2,5000
50	20.248.916			50.622.288	0,40000	2,5000	6,2500	2,5000
55	108.903.531			272.258.826	0,40000	2,5000	6,2500	2,5000
60	585.709.328			1.464.273.318	0,40000	2,5000	6,2500	2,5000
65	3.150.085.337			7.875.213.339	0,40000	2,5000	6,2500	2,5000
70				42.354.787.398	0,40000	2,5000	6,2500	2,5000
75					0,40000	2,5000	6,2500	2,5000
80					0,40000	2,5000	6,2500	2,5000
85					0,40000	2,5000	6,2500	2,5000
90					0,40000	2,5000	6,2500	2,5000
95					0,40000	2,5000	6,2500	2,5000
96					0,40000	2,5000	6,2500	2,5000
98					0,40000	2,5000	6,2500	2,5000
100					0,40000	2,5000	6,2500	2,5000

Tabla 24: Interés = 50.00%

50,00%	Flujo de efectivo discreto: Factores de interés compuesto							50,00%
	Pagos Únicos		Pagos de serie uniforme				Gradientes aritméticos	
n	Cantidad compuesta F/P	Valor presente P/F	Factor de amortización A/F	Cantidad compuesta F/A	Recuperación de capital A/P	Valor Presente P/A	Gradiente de volor presente P/G	Gradiente de serie anual A/G
1	1,5000	0,6667	1,00000	1,0000	1,50000	0,6667		
2	2,2500	0,4444	0,40000	2,5000	0,90000	1,1111	0,4444	0,4000
3	3,3750	0,2963	0,21053	4,7500	0,71053	1,4074	1,0370	0,7368
4	5,0625	0,1975	0,12308	8,1250	0,62308	1,6049	1,6296	1,0154
5	7,5938	0,1317	0,07583	13,1875	0,57583	1,7366	2,1564	1,2417
6	11,3906	0,0878	0,04812	20,7813	0,54812	1,8244	2,5953	1,4226
7	17,0859	0,0585	0,03108	32,1719	0,53108	1,8829	2,9465	1,5648
8	25,6289	0,0390	0,02030	49,2578	0,52030	1,9220	3,2196	1,6752
9	38,4434	0,0260	0,01335	74,8867	0,51335	1,9480	3,4277	1,7596
10	57,6650	0,0173	0,00882	113,3301	0,50882	1,9653	3,5838	1,8235
11	86,4976	0,0116	0,00585	170,9951	0,50585	1,9769	3,6994	1,8713
12	129,7463	0,0077	0,00388	257,4927	0,50388	1,9846	3,7842	1,9068
13	194,6195	0,0051	0,00258	387,2390	0,50258	1,9897	3,8459	1,9329
14	291,9293	0,0034	0,00172	581,8585	0,50172	1,9931	3,8904	1,9519
15	437,8939	0,0023	0,00114	873,7878	0,50114	1,9954	3,9224	1,9657
16	656,8408	0,0015	0,00076	1.311,6817	0,50076	1,9970	3,9452	1,9756
17	985,2613	0,0010	0,00051	1.968,5225	0,50051	1,9980	3,9614	1,9827
18	1.477,8919	0,0007	0,00034	2.953,7838	0,50034	1,9986	3,9729	1,9878
19	2.216,8378	0,0005	0,00023	4.431,6756	0,50023	1,9991	3,9811	1,9914
20	3.325,2567	0,0003	0,00015	6.648,5135	0,50015	1,9994	3,9868	1,9940
21	4.987,8851	0,0002	0,00010	9.973,7702	0,50010	1,9996	3,9908	1,9958
22	7.481,8276	0,0001	0,00007	14.961,6553	0,50007	1,9997	3,9936	1,9971
23	11.222,7415	0,0001	0,00004	22.443,4829	0,50004	1,9998	3,9955	1,9980
24	16.834,1122	0,0001	0,00003	33.666,2244	0,50003	1,9999	3,9969	1,9986
25	25.251,1683		0,00002	50.500,3366	0,50002	1,9999	3,9979	1,9990
26	37.876,7524		0,00001	75.751,5049	0,50001	1,9999	3,9985	1,9993
27	56.815,1287		0,00001	113.628,2573	0,50001	2,0000	3,9990	1,9995
28	85.222,6930		0,00001	170.443,3860	0,50001	2,0000	3,9993	1,9997
29	127.834,0395			255.666,0790	0,50000	2,0000	3,9995	1,9998
30	191.751,0592			383.500,1185	0,50000	2,0000	3,9997	1,9998
31	287.626,5888			575.251,1777	0,50000	2,0000	3,9998	1,9999
32	431.439,8833			862.877,7665	0,50000	2,0000	3,9998	1,9999
33	647.159,8249			1.294.317,6498	0,50000	2,0000	3,9999	1,9999
34	970.739,7374			1.941.477,4747	0,50000	2,0000	3,9999	2,0000
35	1.456.110			2.912.217,2121	0,50000	2,0000	3,9999	2,0000
36	2.184.164			4.368.326,8181	0,50000	2,0000	4,0000	2,0000
38	4.914.370			9.828.737,8408	0,50000	2,0000	4,0000	2,0000
40	11.057.332			22.114.663	0,50000	2,0000	4,0000	2,0000
45	83.966.617			167.933.233	0,50000	2,0000	4,0000	2,0000
50	637.621.500			1.275.242.998	0,50000	2,0000	4,0000	2,0000
55	4.841.938.267			9.683.876.533	0,50000	2,0000	4,0000	2,0000
60				73.536.937.432	0,50000	2,0000	4,0000	2,0000
65					0,50000	2,0000	4,0000	2,0000
70					0,50000	2,0000	4,0000	2,0000
75					0,50000	2,0000	4,0000	2,0000
80					0,50000	2,0000	4,0000	2,0000
85					0,50000	2,0000	4,0000	2,0000
90					0,50000	2,0000	4,0000	2,0000
95					0,50000	2,0000	4,0000	2,0000
96					0,50000	2,0000	4,0000	2,0000
98					0,50000	2,0000	4,0000	2,0000
100					0,50000	2,0000	4,0000	2,0000

Bibliografía

1.- Leland Blank, ; Anthony Tarquin,
INGENIERIA ECONOMICA
Séptima edición, 2011
Editorial McGraw-Hill

2.- Park Clark
FUNDAMENTOS DE INGENIERIA ECONOMICA
Editorial Pearson, 2009

3.- Gabriel Vaca Urbina.
FUNDAMENTOS INGENIERIA ECONOMICA
Material de consulta (Cuarta edición)

4.- Thuesen
INGENIERIA ECONOMICA
Editorial Prentice-Hall

www.ingramcontent.com/pod-product-compliance
Lightning Source LLC
Chambersburg PA
CBHW080910170526
45158CB00008B/2057